オープンIoT
考え方と実践

坂村 健 編著

パーソナルメディア

まえがき

　IoT（Internet of Things）というICT分野のキーワードが、我が国だけでなく世界中を席巻するようになってきた。全世界でIoTの研究開発が進められているだけでなく、ビジネス的にどのように立ち上げるかが話題になっている。

　IoTは、マーケティング用語として出てきた言葉であり、研究開発者が言い出した言葉ではない。しかしそれが重要なことである。インターネットにモノをつなぐことは、技術的には今からもう10年以上も前から「ユビキタスコンピューティング（Ubiquitous Computing）」などの言葉で――また、私が進めるTRONプロジェクトでは30年前にこのコンセプトをHFDS（超機能分散システム：Highly Functionally Distributed System）とよんで研究してきた。ユビキタスコンピューティング以外でも、パーベイシブコンピューティング（Pervasive Computing）、M2M（Machine to Machine）、サイバーフィジカルシステム（Cyber Physical System）などいろいろな名前でよばれてきた。しかし、いずれもビジネス的にはアピール力に欠けていたようだ。

　インターネットにモノをつないで、そこからデータを取ったり、それをコントロールしたりするというのは、いまさらという感じである。勘違いされる方もいらっしゃるが、電灯やエアコンをネットワークにつなぎ、遠隔地からコントロールするという研究は30年前からあった。そのような製品・サービスを、IoTブームに便乗して「これがIoT」などと言うのは、情けない。

　IoTというのはInternet of Thingsという言葉どおりだと「モノをインターネットにつなげる」ということだが、インターネットで重要なのは、TCP/IPという通信プロトコルを載せれば、目的も問わずメーカーも問わず機器同士がお互いに情報のやり取りができるという「オープン性」にある。機器の形態がパソコンなのかスマートフォンなのか組込み機器なのかといったことも問わない。そこが従来のネットワークと基本的に違う特質であり、それによってインターネットは文字どおり世界を変えた。

　それに対して、少し前に日本で脚光を浴びたホームオートメーションやスマートハウスだが、こちらはまったく社会に影響を与えなかった。家中の家電がホー

ムLANでつながって、外からでも今ならスマートフォンだろうが、当時は携帯電話で制御したり、当時の通産省が主導したエコーネット標準でお互いに協調動作させたりして快適な生活を過ごせるといっても、結局は特定メーカーの製品同士のクローズな連携を目指したに過ぎなかったからだ。エアコンや冷蔵庫、洗濯機といった家の中のすべての家電を同じメーカーで揃えるような人はいない。

「モノをインターネットにつなげる」というだけでなく、「インターネットのオープン性をもってモノをつなげる」——そのことを明確に示したのがIoTという用語なのだ。これに比べると、その他の用語は「遍在する」とか「浸透する」とか、単に「モノ同士がつながる」といったように単に現象論的な目標を示しているに過ぎないことがわかる。モノを「インターネットのようにオープンに」つなげられるということが新しいビジネスを予感させ、そのため全世界がInternet of Thingsという言葉で統一されていくのは、ある意味当然のことだと思う。

オープンIoTでは、事前にメーカー間で特別な約束事をすることなく、ネットにつなげればすぐにお互いに情報交換して協調動作できる、ということがいちばんの肝である。そのためには、基盤となる標準フレームワークが重要になる。そしてTRONプロジェクトは30年前のスタート当初からオープンな標準の構築を目指してきた。オープンアーキテクチャ、オープンソースを基本方針としており、オープンIoTとは相性がよい。これまでTRONプロジェクトは、OS（オペレーティングシステム）やモノの識別を含めた情報流通のための基盤といった要素技術が中心であったが、これらの要素技術が成熟するにつれ、現在では、さまざまな要素を全体としてまとめあげていく上位のフレームアーキテクチャにまで範囲を広げている。TRONプロジェクトでは、オープンソースによるエコシステムを構築しているが、どのレベルからでもTRONプロジェクトの成果を利用できるし、他システムと連携することもできる。

本書は、オープンIoT実現のための哲学、考え方から説き起こし、フレームワークアーキテクチャからオープンIoTの具体的な実践までを述べた本である。本書を活用して、新しいオープンIoTのビジネスに適合した製品・サービスの開発が盛んになることを期待している。

2017年1月1日
坂村 健

目次

まえがき　　2

Chapter 1　オープンIoTの考え方　　7
オープンIoTへむけて　　8

Chapter 2　IoT実践に向けての取り組み　　41
IoT-Aggregatorで実現するIoT　　42
IoT-Engineとは何か　　55
T-Carによる教育　　64
半導体メーカーによるIoT-Engineの実現　　70
ソフトウェアメーカーによるIoT-Engineサポート　　84
IoT時代のマイコン　　96
IoT時代のアプリケーション　　100
IoT時代のセキュリティ〜機器設計者はどう構えるべきか?　　104

Chapter 3　IoTのためのネットワーク技術　　109
近距離無線技術　6LoWPAN　　110
IPv6と近距離無線技術　　125

Chapter 4　オープンデータ×オープンAPI　　131
フレームワークス 物流オープンデータ活用コンテスト
IoT時代のオープンデータによるイノベーションと物流　　132
フレームワークスの考えるIoT時代の物流サービス　　148
IoTスタートアップから生まれる新しいサービス　　151

	パネルセッション：物流データは可能性の宝庫	154
	フレームワークス 物流オープンデータ活用コンテスト 受賞作品	158

RICOH THETA × IoT デベロッパーズコンテスト

オープンAPIですべてのモノをつなげる	160
コンテスト開催の狙いと期待	172
RICOH THETA × IoT デベロッパーズコンテスト 受賞作品	176

Chapter 5 IoT×オープンデータ：業界動向 179

IoT業界 最新動向	180
オープンデータとXプライズ方式コンテスト	205

Chapter 6 IoT住宅への応用―電脳住宅 233

トヨタ夢の住宅PAPI	234
台湾u-home	240

Chapter 7 IoT時代の人材教育―東洋大学 情報連携学部 INIAD 247

イノベーションを起こせる人材を育成する	248
INIAD 徹底紹介	256

出典・参考文献・参考情報 275

出典	276
参考文献	277
参考情報	278

オープンIoTの考え方

1 オープンIoTの考え方

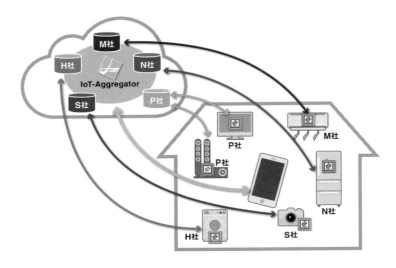

オープンIoTへむけて

坂村 健

　IoT（Internet of Things）とは、モノの中にコンピュータが入り、そのコンピュータが入ったモノがネットワークにつながり、人々の役に立つシステム――インターネットが人間と人間のコミュニケーションを助けるだけでなく、モノを操作したり、モノからの情報を集めるネットワークになっていきます。世界中でモノをインターネットにつなぐための技術と応用、それが人々に与える影響に対して関心が高まっています。

閉じたIoTからオープンなIoTへ

「オープン」を掲げて30年

　まず、オープンなIoTとは一体何かということですが、TRONプロジェクトで「オープン」はプロジェクト推進のための重要なキーワード。プロジェクト発足以来30年間、オープンという考えに基づいてプロジェクトを進めてき

ました。世の中にはクローズな技術プロジェクトとオープンなプロジェクトの二つしかない。クローズというのは技術を外に出さないということですから、自分達の技術は自分たちだけのものとして抱え込んでしまうやり方。ブラックボックスにして中を見せない。オープンは逆です。技術を出す。中をブラックボックスにしない。どうやってやるのか、どうなっているのか、同じことをやりたかったら再現できるようにソースコードも公開する。私のやり方ではロイヤリティも取りません。しかもそれを利用して製品を開発し、販売してお金を取るのも自由です。

オープンで垣根を越える

　なぜオープンにするのかというと、システムの相互接続性を高めて連携させたいから。なぜ無料で出すのかというと、できるだけ多くのシステムをつなげたいからです。コンピュータを入れたモノをネットでつなぎたい。Internet of Things ですから。電子メールをクローズでやりたい、つまり特定の人とだけメールのやり取りをしたいなら別にインターネットを使う必要はありません。インターネットにつなげるということは広く多くの人々と接続したい、コネクティビティを高めたいからです。技術情報を公開することによって、相互接続、運用がやりやすくなります。

　IoTがらみで最近注目されているもう一つのコンセプトとして「オープンAPI」があります。APIはApplication Programming Interfaceの略ですが、

オープン領域の広がり

オープンアーキテクチャ、オープンソース
⬇
オープンソース・ハードウェア
⬇
オープンAPI、オープンデータへ

1 オープンIoTの考え方

いろいろなモノがネットワークにつながったときに、外からそのモノをコントロールできるようにする——そのための操作の仕方がAPIで、そのAPIをオープンにしようということです。たとえば、照明器具がネットワークにつながっていれば、たとえばスマートフォン（スマホ）から電気を点けたり消したりできるようになるわけです。しかし、そういうことをするためには、どういうコマンドを照明器具に送れば電気が点くのか、また、どういうコマンドを送れば消えるのか、という操作の仕方——APIを操作する側が知っている必要があります。そしてアクセス権の管理も重要。誰が、どういう条件で、どこまでの操作ができるのかということも、システムがきちんとマネージメントできないといけません。IoTが社会に受け入れられるには、セキュリティやアクセスコントロールが重要になり、そういうルールが確立されたうえでオープンということを進める必要があります。

そしてここでもう一つ、クローズでないということは一つの組織の中だけでいろいろなモノがつながっているのではないということです。組織を超えて多くのモノがつながるということです。電子メールもそうです。自分の会社の中だけ、自分の大学の中だけ、自分の組織の中だけでメールをするならインターネットを使わない方法もあります。しかし、会ったことがない人とメールの交換がしたいというときにインターネットが重要になってくるわけです。組織を超えるということです。メールアドレスを教えてあげたらその人とメールができるのと同じように、世の中にあるモノが全部ネットワークにつながり、ルールさえ守ればそのモノと会話ができるようにしたい。モノと会話ができるというのは、たとえば照明なら「点けてくれますか」「消してくれますか」という会話ができるということです。

繰り返しになりますが、これはどこからでも何をしてもいいということではありません。ルールを守りそのものから許可が得られれば、誰でもがどんなモノにもつなげられる。ここが重要で、オープンだから何でもできるわけではありません。

> 「オープン」とは言っても…
>
> 何でも、誰にでも、いつでも、どこでも「オープン」でいいわけではない
>
> ↓
>
> ルールを守ればが重要

　そういうことができたときに、社会が大きく変わると思っています。今のインターネット——モノが別につながっていなくても——インターネットが社会に与えた影響というのは非常に大きい。その理由はインターネットがオープンだったからです。オープンには社会全体を変える力があります。とすればオープンにモノがつながるネットワークができた場合には、もっとすごいことが起こるだろう。すべての仕事のあり方に影響を与えるでしょう。

オープンIoTのガバナンス

　オープンIoTの世界実現のためのルールをどう作っていくかということ、これをガバナンスと言います。適切に使うための管理をコンピュータの中でどうやって行うのか？　すべてのモノがネットワークにつながると言っているわけですから——たとえば、家庭に体重計があったとします。家族の誰が乗っても体重がわかるわけですが、それをネットにつなげれば、自分の体重のデータを会社のクラウドの中に溜めておくことができる。会社に勤めている方が会社のシステムを使って健康管理していたとき、家庭で毎日計った体重の変化のデータを会社の産業医が見られれば、いろいろなことがわかります。しかし、家庭にある体重計のデータから関係ない家族のデータまで送られたらプライバシーの侵害になります。会社に勤めているお父さんの分だけを送り、娘さんの分は送らない、といったことをきちんとコントロールできないと困ってしまうわけです。

1 オープンIoTの考え方

　ある地域の住人の体重のデータも、地域の健康のデータとして公共性があります。最近は病気を未然に予防するということが日本でも注目を浴びるようになってきました。これはこのような地域ビッグデータのおかげなのですが、同じような生活をしているのにも関わらず、身体に変調があるとき、データから何かわかるかもしれない。統計データは重要ですが、そのときに個人の名前まで知る必要があるのかということを議論しなければならない。平均データを出すだけで名前は出さないようにするなど、一つ一つ検討してコンセンサスを取らないと、ガバナンスの問題は解決できません。まさにすべてのモノがネットにつながってしまうわけですから、ネットにつながっているモノの間でも、人間の社会の中でのルールと同じようなものを作っていかないとならないわけです。

　オープンIoT実現のためのモデルをどう作るのかということ。私はどうするのかを考える研究者です。そしてどうやって実現するのかも考えています。全世界の人間がメールアドレスを持ったとしても数十億で済むかもしれませんが、モノを全部つなげるとなったら、数十億程度では済みません。数百億から数千億というモノがネットにつながってくるわけですから、どうやって実現するかも考えなければなりません。答えを出さないと実際、全世界のモノをネットにつなげることはできません。そういうスケーラビリティ、要するにスケールを大きくしたときに、きちんとデータが送れるのかということも考えないといけません。

それがガバナンス管理

「適切に使う」ための高度な管理は
高度な判断が必要

オープンIoT実現のためのモデル

さまざまな技術の実用化を促したTRON電脳住宅

　80年代から私は、プロトタイプを使ってすべてのモノをネットにつなげたときにどれぐらいのデータが送られているか、どれくらいのトラフィックが起こるのか、何が起こるのかを知るために、多くの実証実験、フィジビリティスタディを行ってきました。たとえば、IoTの考えに基づいた実験住宅。住宅を構成するすべてのパーツにコンピュータを入れる、たとえば窓枠に入れる、扉に入れる、床に入れる、天井に入れる、壁に入れる、もちろん部屋の中にあるいろいろな家電製品の中のコンピュータ、それを全部つないだ場合にどのくらいのデータ量になるのか、また何ができるのかを知るために実験住宅を造ってきました。1989年に造ったTRON電脳住宅では、窓や屋根など住宅を構成しているパーツ数百個にコンピュータとセンサーとアクチュエータが付いていたのですが、たとえば風の向きがわかると、それに合わせて窓が開くとか、雨が降ると閉まるとか、そういう実験をしていました。

　今、このときに実験した技術で、実用化されているものはけっこうあります。温水洗浄トイレは今実用化されていますが、当時はまだ実験的でした。ヘルスケアモニターや人感足元灯、夜寝ているときにトイレなどに行きたくなって起きると足元を照らして誘導してくれるような自動照明ですが、センサーと照明を組み合わせたものも今は実用になっています。また植物の自動灌水

いま実用になっているもの

- シャワートイレ
- ヘルスケアモニター
- ヘルスケアデータの医師への送信
- シーン照明
- 人感足元灯
- DSP音場エミュレーション
- 植物の自動灌水
- 透明度を変えられる液晶ガラス窓
- 屋内のセンサーネットワーク（環境、温度）

1 オープンIoTの考え方

というのは、自動的に植物に水を与えるシステムです。30年前は珍しかったのですが、今では当たり前の技術になりました。

トヨタ夢の住宅PAPI

2004年にもう一つの電脳住宅、トヨタがスポンサーとなり「PAPI」という未来住宅を造りました（→P.234）。ここは80年代に造ったとき以上にコンピュータやセンサーの量を増やしました。プラグインハイブリッド車を、停電になったときに発電機にして電気を住宅に供給する装置を付けました。2000年代は実用的ではなかったもので、今実用的になってきているものもたくさんあります。

ここで言いたいことは、1989年あたりからすでにこういう住宅を造っていたのですが、80年代も2000年代も何百個何千個とコンピュータをモノの中に入れてそれをネットにつなぐというようなことは、大変だったということです。なぜかというと、まずコンピュータが大きかった。80年代はマイクロコンピュータがまだ進歩していませんでしたので、地下にサン・マイクロシステムズのワークステーションという大きなコンピュータを数十台入れるためのスペースが必要でした。それが今では手のひらに乗るぐらいの大きさになってきています。

さらに大変だったのが、その何十台とあるコンピュータから、窓やドアに

1989年に造られたTRON電脳住宅

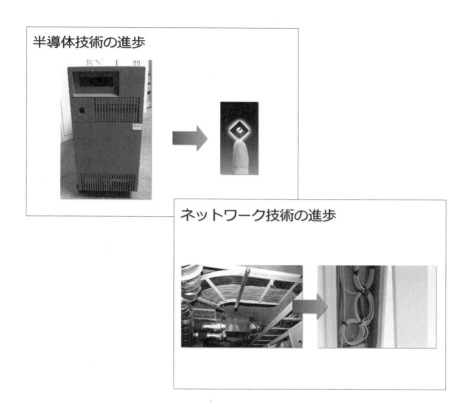

　線をつながなければならなかったこと。電線の固まりの家になってしまってこれは実用的ではないと感じました。これを全世界でやるとなったら大変なことになると思いました。

　2000年代に入ると光ファイバーが出てきました。すごかった配線が、80年代から2000年代になって激減しました。これなら何とかなるかと思ったのですが、それでも住宅に光ファイバーを張り巡らせてしまうとオフィスビルのようになってしまいコストが高くなります。

IoT時代の電脳住宅

　そして2016年、今やろうとしたらどうなるか。1989年のTRON電脳住宅は竹中工務店を始めNTT、三菱など18社のスポンサーで、2004年のPAPIはトヨタ単独のスポンサーで造ったのですが、そろそろ第3弾を造るときが来たと思っています。

　住宅をIoT化していくと、一体どういった利便性があるのか。快適になるとか、そういうことはおそらく私が80年代に考えていたこととドラマチックに違うことはないでしょう。たとえばインテリジェントトイレ。日本の発明で世界に広がってきていますが、今売られている製品の基本は水でお尻を洗浄する機能だけです。しかし最初のTRON電脳住宅で実験したものは、尿の分析装置まで入っていました。人間ドックや病院へ行くと尿の検査をされることがあると思いますが、血液検査も含め人間の身体を知ることは重要です。トイレにそういう機能を入れることによりトイレを使用する都度に分析をするという提案をして、作りました。しかし当時はあまり受けが良くなかった。なぜかと言うと、洗浄機能は皆さんに受け入れられたのですが、毎日毎日トイレを使用するたびに健康診断をされると思うと気が滅入ると指摘されました。そういう時代だったのですね。今だといろいろな病気を早期発見すると助かる可能性が上がるのがわかってきているので、毎日検査をしてもいいかと思う人も多くなってきています。20年前30年前からそういう機能を持ったインテリジェントトイレの実験をしていたのです。しかし、なかなか高いものになってしまって、洗浄のみのトイレだと10万円くらいのものが、分析装置を付けたら300万円と言われたら誰も買わない。何が言いたいのかと申しますと、機能が良いだけでは駄目で、需要とコストがバランスしないと普及しないということです。やったほうが良いというのはわかっていても、あまりに高くては普及しないわけです。

　建材、部品メーカーがIoTハウスといってすべての部品にマイクロコンピュータを入れ、センサーを入れれば、コストが下がります。100万個作るとなればどんな複雑なものでも安くなります。

　今私がやろうとしているのは、そういう基幹部品をIoT化することです。ネットワークインフラが充実してきたので、いわゆるホームサーバのようなものを作り、部品をそれにつなげてローカルに完結させるという考え方ではなく、

ダイレクトにインターネットにつなげることができるようになってきたわけです。これは30年前にはできなかったことです。個々のモノをクラウドに直結させる。さらに直結させるときに家庭内では電線を使わないで無線でつなげる。無線でつなげることによって配線がなくなります。ネットワークの進化ですね。1990年代にインターネットが民間利用できるようになった。そして社会がインターネット化した。

IoTはネットワークの進化がもたらしたイノベーション

なぜモノのインターネットがなかなかできなかったのか？ 先ほどから何回も言っていますように、人間だけだったら数十億の人間がつながっておしまいなのですが、モノになった途端に何百億、何千億になってしまう。何千億個のモノをネットワークにつなげることはできなかったのです。30年前は無理でした。今は、私が生きているうちに何百億個、何千億個のモノがつながる世界が想像できるようになってきました。

今までもわかっているけどできなかったことというのがあるのですね。今まではネットワークに何百億個のモノをつなげるとか、何千億個のモノをつなげることはできなかった。それができるようになってきた。一体どんなことが起きるのか、インターネットでメールとウェブを見るだけでも、これだけ世の中、社会が大きく変わり、世界に影響を与えたのですから、モノが何百億個、何千億個つながったらどんなことが起きるのか、すべては想像できません。

1 オープンIoTの考え方

これはまさにイノベーションです。とても大きな変化を私たち人間社会に与えるのではないかと思います。

オープンIoTに求められるセキュリティ

通信コストが高い状況では、できる限り組込みシステムをリッチにする、組込みシステムの中で全部できるようにする、通信はなるべく減らそうという考え方だったわけです。通信コストが高かったので、モノの中に入っているコンピュータで全部完結させたいという考えになっていたわけです。

しかし通信コストがゼロに近づいていったら、エッジノード（個々のモノ）のところは軽くしてしまって、高度な機能はクラウドで行うほうが良い。複雑な処理をクラウドに持って行くという方針が重要です。たとえば、今、組込みのセキュリティに注目が集まっています。セキュリティが難しいのは人間の社会と同じ。自宅に鍵を付ける話とまったく同じだと思うのですが、悪い人がまったくいないなら鍵は要りません。だけど世界に悪い人はたくさんいるから鍵が要る。鍵を掛けないと危ないですよね。だけど、鍵が付いたからといって人間の住宅の生活クオリティーが上がるのか――といったら、鍵を付けただけではクオリティーは上がらない。安全というのが質だと言えば質は上がっていますし、危ない人が入って来なければ快適という考え方もあります。しかし、たとえば暑いときにエアコンをつけて涼しくなったとか、良い暖房器具があったことによって冬も暖かく過ごせるというのは劇的に生活の質を変えますが、鍵はそういうようなことにはならない。ですから簡単に言うとオーバーヘッドなのです。だからコンピュータのセキュリティも同じで、セキュリティを高めるということは、やろうとしている機能にまったく関係ないので、セキュリティを高めれば高めるほど、本来の機能からするとある意味無駄なコストを出すことになるわけですね。

オープンなIoTのためには高度なガバナンス管理が必要、とい

う話を先ほどしましたが、組込み機器でそういう高度なガバナンス管理を行い、かつセキュリティも上げろとなると、機能が上がったわけでもないのにどんどん高価になるのです。先ほどから何回も言っているように高くなるのは駄目。安く作らないと。どう安く作るのかが重要なわけです。私の今の考えだと窓枠やドアにガバナンス管理の機能を入れるとなると、先ほどの300万円のトイレの話じゃないけど、窓枠1個が10万円ぐらいで買えるのに100万円と言われたら誰も買わなくなってしまいます。ですからネットにつなげるためにセキュリティ機能を上げるから値段が上がるというのは、ユーザにとってはなかなか納得しがたいことなのです。

TRONが目指すのはより軽いエッジノード

モノをクラウドに直結させるとどうなるかというと、ガバナンス管理はクラウドに持っていくことになります。これが私の今の考え方です。クラウドに持って行くとやりやすくなるし、モノ単体のコストは上がらない。

セキュリティは重要なのですが、どうやって安くセキュアな部品を作ることができるのか、ということを考えないといけないということです。組込み機器のほうにセキュアなガバナンス管理機能を持たせた場合は部品コストが上がる。だから高度なガバナンス管理機能はクラウドに持っていきエッジは軽くさせるべきと言っているわけです。

エッジはクラウドにトンネリングで直結させる——つまり特定のクラウドとしか通信できないようにするので、単純で強固なセキュリティが可能です。そして高度なアクセスコントロールはクラウドに全部持って行く設計のほうが良い。そのために、TRONが目指しているのは、より軽いエッジノード。TRON自身は軽くする。どんどんモノの中に入るコンピュータは小さくして1チップでできるようにしたいというのが私の考え方です。

たとえば、私が手に持っている切手大のボード。これはIoT-Engine（→P.55）という部品で、見てわかるようにチップ1個です。やっとこういうことができるようになって

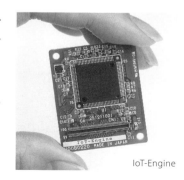

IoT-Engine

1 オープンIoTの考え方

きた。この中に部品が全部入っていて、このぐらいにしないとコストは下がらない。ですから、モノに入れるコンピュータはできれば1個の部品で済むようにしたい。こういうことをTRONは目指したい。

　もう一つがエネルギーです。これが1個になっても、これを動かすのに大きなバッテリーが要るとなったら困ってしまうので、太陽電池やリチウム電池で1年や10年動くような省電力化です。省電力化は大事です。

TRONの考えるオープンIoTのモデル

アグリゲート・コンピューティング・モデル

　最近TRONが考えているオープンIoTのモデルが「アグリゲート・コンピューティング・モデル」です。「アグリゲート（aggregate）」というのは日本語に訳しにくいのですが、「総体」、「集合」、「いろいろなものを集めた」とか「全部で」という意味合いです。アグリゲート・コンピューティング・モデル——これは私が言い出したIoTのアーキテクチャモデルですが、組込み機器をクラウドに直結させて連動することが前提のモデルで、総体としてインテリジェンスを実現する。

　今の携帯電話・スマホは全部の機能を1個に入れようとしている。スマホの中にあらゆるセンサーを入れて、カメラを入れてすべて集約するというモデルになっている。そうではなくスマホの機能を分解する。家庭の中にある機械全

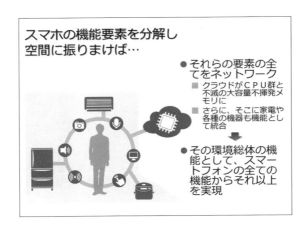

部がネットにつながっているならスマホに全部の機能を集約する必要はない。

　たとえば、自宅の部屋にあるテレビ、スピーカー、ウェブカメラ、マイク、照明を組み合わせ、センサーやゲーム機械のキネクト（kinect）などを使ってジェスチャーを認識させて、総体として遠隔地と会話できるようにする。テレビ電話をするにしても小さな画面で見るのではなく、家庭の大きな4K・8Kテレビをディスプレイにすればいい。また、外出時はたくさんのディスプレイが街中にあるし、オフィスにもディスプレイがあるので、いくつものディスプレイを持つ必要はない。部屋全体で今の電話機がやっていることをやる。またウェブの閲覧をするとき、インタフェースは小さなスマホのタッチパネルを操作するのではない方法──たとえば手の動きや声で制御できないか？部屋全体で手を上げると電気が点いて、手を下げると電気が消えるとかそういうことができるようになれば、障碍を持った方や寝たきりの方でも、自由になる身体の機能に合わせて電気を点けたり消したりが自分でできるようになる。総体コンピュータというモデルに基づけば、インタフェースのバリエーションが増え、いろいろな方法で要求をコンピュータに伝えることができるようになる。音声認識でコンピュータを使うことがポピュラーになってくれば、どこで喋っているかということから、どこにいるのかもわかるようになる。スマホだけで作業する必要はなくなり、インタフェースも自由になっていく。

　スマホにいろいろな機能が入ってしまうと、価格がどんどん高くなる、今

1 オープンIoTの考え方

障碍者対応も容易

だと良いスマホは10万円近くしている。これからもっと価格が上がるかもしれない。カメラが4K・8Kになるとか、センサーがもっとリッチなものになるとまた上がります。

　この方向はアグリゲート・コンピューティング・モデルとは違います。私はスマホの能力を分解しろと、要素をネットワークにつなげて分解してしまえと言いたいのです。

セキュリティ問題はクラウド化で解決

　ガバナンスの問題、セキュリティの問題に関して、組込みのほうでやらずにクラウドのほうでやって、デバイスをリッチにせずエッジノードはできるだけ安くするという方向が、まさにこのアグリゲート・コンピューティング・モデルであり、私の考えるIoTの実現モデルなのです。

　これは参考ですが、最近のデジタルカメラがすごいと思うのは、顔認識。今はパソコンにクラウド連携で写真を入れておくと顔認識してくれて、自動的に人の名前までデータベースの中で整理してくれるようになっているのですが、一度カメラの中に顔認識を設定しておくと写真を撮ったときに好きな人に自動的にピントが合うとかの機能があるものも出てきた。これはカメラを勝手にいじられたとき、誰が好きで誰が好きではないかをほかの人に知られてしまうことにもつながる。スマホ並に個人データの塊になるので、落としたり、データを消さずに譲渡したりすると個人データが漏れてしまいます。

よって、少しでも安全にするためカメラにセキュリティ機能を入れる必要が出てくる。そしてそのためにコストが上がる。

しかしクラウドのほうに大事なデータが入っているなら、ガードする方法やストップさせる方法がいろいろあります。何より、組込み機器の限られたインタフェースで細かい設定をするより、大きな画面でできたほうが楽です。さらにそれらの個人データがすでに分類管理されていれば、家族にグループ設定した顔は優先するなど、簡単に一括設定できます。そういうことを考えても常にネットにつながっているほうが安全性は高まるのではないかと私は思います。

IoT時代のジレンマとして、すべてのモノがネットにつながるようになると、絶対に避けて通れないのがセキュリティとアクセスコントロールです。そして、そのための機能を組込み機器のほうに入れると開発コストも上がってしまいます。これがアグリゲート・コンピューティングだったら、高度なガバナンス管理は全部クラウドのほうで実現することになり、解決するということです。

組込みOSと情報処理OSの基本的な違いは効率と柔軟性のトレードオフです。作りこんで決まったことを最小の資源で確実にこなすのには組込みOSがいいですが、あとからいろいろ変えるのには情報処理OSのほうがいい。その意味で、組込み機器と特定のクラウドとしか接続しないトンネリング（→P.47）というのは、組込みに向いたセキュリティ強化策だと思います。

トンネリングで直結

特定クラウドとの常時直結しか考えなければ

⬇

少ない計算資源で
単純かつ強固なセキュリティが実現できる

1 オープンIoT の考え方

そしてクラウドと直結できるようになれば、柔軟なセキュリティ設定に関してはクラウドでいろいろな技術が使えるようになります。

IoT時代のビジネスモデル

次に、IoTにおけるイニシアティブの問題というのは、ビジネスモデル的な問題です。モノをネットワークにつなげると、今話題になっているビッグデータ——いろいろなデータを集められます。IoT時代のモノというのは、ビッグデータ解析によってサービスを向上させるといったような、製品を売っておしまいというのではなく、サービス志向になるようなビジネスモデルがこれからどんどん出てくるのではないかと思います。物でお金を取らなくなってしまうかもしれません。そういう意味でいくと、クラウドにあるデータに関して皆がお金を払うような、サービスに対してお金を払うという時代が来るかもしれません。

そして、そのときモノが生むデータは誰のもの？ということがこれから考えないといけない論点になります。一義的にはユーザのものでしょうが、それが安全やメンテナンスに利するという意味で、二義的にはそのモノを作ったメーカーが見ることはあるでしょう。すでに現在のコネクテッドカーは自動車メーカーが常にデータを吸い上げています。

アグリゲート・コンピューティング・モデルですと、モノは単なる物でなく、そのメーカーのクラウドとの総体でサービスを売っているという考えになり

高度なサービスはクラウドが実現

- **人工知能処理**
  - 料理の画像認識による加熱時間の決定
  - 自然言語音声操作
- **ビッグデータ処理**
  - 家電の動作データから故障の前兆を知り予防メンテ
  - 測定値からヘルスケアでの高度な医療アドバイス
  - データベース型の自動画像補完
- **家庭の枠を超えた群制御**
  - きめ細かなデマンドサイドマネージメントによる地域レベルの省エネ

ます。ビッグデータやノウハウは一次的にメーカーのクラウドに残ります。今までは物を売ってしまったらおしまいだったのが、これからは物を作って売ったときからビジネスが始まるということです。サービスのほうに重点が置かれるという話が、IoTの世界では起こってくるのではないかと思います。

　クラウドに持っていけば、最近の人工知能の技術やディープラーニング、ビッグデータなど、新しいクラウドの世界で起こっているテクノロジーをサービス向上やメンテナンス向上に使うことができます。そして、モノとモノの柔軟な連携は、それらが直結しているクラウド間で――まさに、クラウドの中で行えばいいわけです。人工知能など高度なクラウドの機能を使い、柔軟なガバナンスのもとで、家人の所在やスケジュールを勘案して、窓と照明と空調やテレビとオーディオなどの家電やロボット掃除機などが適切に連携動作するといったことが可能になります。

　実はこのアグリゲートモデルの意義というのは、情報処理分野がたどったトレンドを組込み分野でもやっているというような冷めた見方もできます。情報処理の分野のトレンドは、通信コストが低下したときに、シンクライアント化やアプリケーションをSaaS化する、クラウド化することで進んできたのですが、組込みの世界でもアグリゲートモデルになるに従って、情報処理の分野で議論されていたようなことと同じようなことが起こってくるのではないか――それがアグリゲートモデルだと思っています。

アグリゲートモデルのための技術

クラウドで管理するフレームアーキテクチャ――u2

　アグリゲートモデルのための技術として、今の私が考えていること。TRONの考えるオープンIoTのモデルで特に重要視しているのが、クラウドの部分です。今までのTRONは、モノの中に入れるOSのことだけを検討していたのですが、最近はクラウドにどう組込み機器をつなげるかに力を入れるようになってきました。

　そのときに重要なのが、フレームアーキテクチャ、メタOSで、具体的にはu2、uIDアーキテクチャ 2.0です。

1 オープンIoTの考え方

ucodeでモノ、場所、概念を区別

　IoTとは、すべてのモノをネットにつなげようというようなことですが、まずはどのモノというのが区別できないと実現できません。たとえば「りんご」のような食べものでコンピュータを持たないモノでも、一つ一つを区別するため一つ一つに異なるコードを貼り付けることで、いわばネットに認識され、つながるともいえます。重要なことはモノを区別することです。モノを区別するためにucode(ユーコード)を付けようと私は言っています。ucodeはアドレスではなく区別するための番号です。この番号は、ITU-Tの国際標準規格として10年かけて成立いたしました。128bitのノンセマンティックID、要するに「意味がない番号」です。区別したいモノに違う番号を振る。識別番号、アイデンティファイヤーで、郵便番号や製造番号と同じです。

　たとえば「りんご」1個1個に違う番号を振ります。生産されたりんごに、何百万個もの違うucodeを付けるのです。製品番号と同じですね。工場で大量生産していると、一つ一つの製品に違う番号を振りますね。そうでなければ特定できません。それと同じ。とにかく区別したいモノすべてにucodeを振る。ucodeでどれくらいのモノを区別できるかというと、ucodeは2の128乗の番号を持っています。これは1日1兆個のモノにucodeを振ることを1兆年続けてそれを1兆回繰り返すことができるほどのもので、皆さんが持っているものに全部ucodeを振ってもらってもucodeはたっぷりあるということです。それから世界中の製造メーカーが製造するものに全部ucodeを振っ

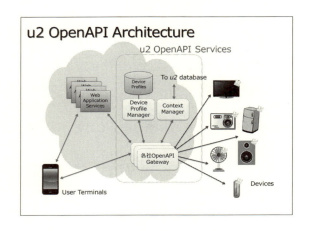

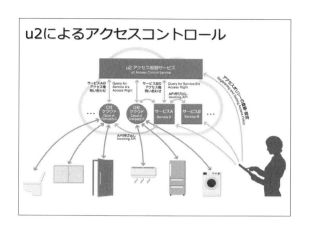

ても十分領域はあります。

それとこの番号は、場所にも振ろうとしています。国土交通省国土地理院が電子地図の上にucodeを貼っています。ucodeが郵便番号、非常に細かな郵便番号になりまして、たとえば棚にucodeを振ってしまえば、この部屋のこの棚の位置に物を運んでくださいというようなこともできるようになります。そういう実験も宅配便業者の方と一緒にやりました。

また概念にまでucodeを付けます。概念とはどういうことかと言いますと、たとえば色にucodeを振り、「透明」という概念、意味にもucodeを振っておき、コップに付けられたucodeと紐づける、関係づければ、ucodeの関係を知るだけでこのコップは透明だという意味がわかります。それをどう作るのかですが、データベースをucodeベースで作り替えることをやっていて、それがu2（uIDアーキテクチャ2.0）という仕組みです。

オープンAPIとオープンデータ

APIとはApplication Programming Interfaceのことですが、オープンAPI——扇風機、カメラやテレビなど家電製品をネットワークにつないで、どういうAPIのコマンドを送れば、テレビのチャンネルが変えられるのかとか、録画ができるのかとか、そういうコマンドをオープンにする（公開する）ということは先ほども申し上げました。

1 オープンIoTの考え方

　それらがネットにつながって全部オープンにされれば、プログラミングができる人だったら自由に身の回りにあるものやセンサーからのデータを組み合わせて、たとえば、雨が降ったら家にいるから録画しなくていいけれども、晴れたら外出するから番組予約をしておきたいというようなこと、晴れの場合は予約して雨の場合は予約しないという複雑な録画も、プログラムさえ書けばできるようになります。

　電車もオープンデータ化といって、電車がどこを動いているのかといったリアルタイムデータがクラウドの中にどんどん上がってきます。大事な会議があり8時に起きるように目覚まし時計をセットして寝る。ところが駅に行ってみたら電車が事故のため、遅れていて遅刻してしまう。全部ネットにつながっていれば、電車が遅れていたら目覚まし時計で起こす時間を変えることができるようになります。どうしても行かなければならない場合には、目覚まし時計が判断して早めに起こすようにできます。

　そういうことができる世の中、モノがネットにつながり、オープンAPI、オープンデータがこれを支えるようになったときがオープンIoTの時代です。すべてのモノがインターネットにつながっているから、それをうまいこと連携させればこれまで思いもつかなかった機能アップが図れるわけです。やってみないとわからないこともたくさんありますが、そういうことが今できるようになってきたというのがなかなか面白いところです。

エッジノードとクラウドをどうつなぐか?

時代はIPv4からIPv6へ

　アグリゲートモデルのための技術として注目しているのがIPv6（アイピーブイシックス）です。IPv6は今こそ重要になってきました。IPv4（アイピーブイフォー）の時代はまもなく終わります。IPv6が良いのは、インターネットのプロトコルの中でもIPv4の悪い点を直そうとして考えられた次の世代のプロトコルスタックということです。たとえばセキュリティ一つ取ってもプロトコルスタック自身にセキュリティを強化する機能が入っています。IPv6は非常に良い。でも欠点もありまして、重い。仕方ないのですが、機能を上げれば重くなります。しかもこれを無線でやろうとすると相当大変です。当然IPv6のWi-Fiはありますが、電力をすごく消費

します。これも仕方ないのですが、そのために電力をあまり使わない、ただしIPv6フルでなく、サブセットと言われているものが6LoWPAN（→P.110）です。

省電力な無線通信を実現する6LoWPAN

この6LoWPANにはたいへん注目しております。写真が、6LoWPANのモジュールです。この中にチップとアンテナが入っています。これに私の研究所YRP ユビキタス・ネットワーキング研究所で作った6LoWPANプロトコルスタックが入っていて、さらに制御アプリを実行できます。TRON OSならリチウム電池1個で、たとえば1分に1回くらいの通信をして1年以上動作可能です。何度も言っているようにこのようなものでないと実用にならない。IPv6をそのままやると、大きなバッテリーを付ける必要がある。あるいは100V、商用電源につなげるということになってしまう。センサーネット応用ではそれができないことが多いので、やっぱり私は6LoWPANが重要ではないかと思っています。

今、日本では920MHz帯が省電力を目的とした無線通信のチャンネルとして解放されているのですが、6LoWPANで使っているIEEE 802.15.4のフレームサイズの127バイトに、IPv6をそのまま通そうとするとヘッダだけで40バイト、最大で1280バイトになりますから、省電力の無線チャンネルを使ってIPv6のプロトコルスタックを電力と関係なく送ろうといってもなかなか無

6LoWPANモジュール

920MHz無線とIPv6

- **920MHzは省電力を目的とした無線通信**
  - IEEE 802.15.4
  - データ通信速度　50kbps〜400kbps
  - フレームサイズ　127バイト
- **IPv6のフレーム**
  - 最大　　　　1280バイト
  - ヘッダ　　　　40バイト

IPv6のフレームは920MHz無線には大きすぎる

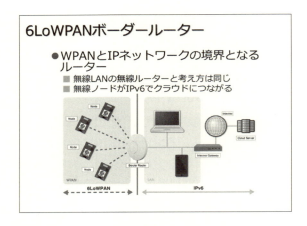

理があります。そのための6LoWPANなのです。

　ただし6LoWPANをたくさんのものに使おうとすると、IPv6にブリッジするボーダールーターといわれているルーターが必要です。これからのルーターはパソコンやタブレットをつなげるだけではなくて、いろいろなモノが全部そこにつながる必要があります。これ一つで家庭の中にある数百個のモノにつなげられる。モノから来るデータを受け取って、ここがまとめてインターネット網に情報を出します。ですから将来のイメージとしては、これが家庭に一つ壁に付いていて、家庭の中にある窓・ドア・床・天井・外のセキュリティ関係のセンサーなどが全部6LoWPANでこの装置にデータを送って、これがインターネットに直結してクラウドにあがるようなイメージです。

IoTのためのSDN

　今のネットワークはマルチメディア、映像や音など人間に有用なリッチなコンテンツの伝送を主として考えられているので、IoTで出てくる制御やセンサーからのデータなどの小さなデータをリアルタイムで大量に扱うような場合には適さないこともあります。そこでSDN（Software Definded Network）やNFV（Network Functions Virtualization）といった技術により、IoTに適応化したプロトコルを今のインターネット網にかぶせて効率よく扱う技術に注目が集まるようになってきました。たとえて言うと、ジャンボジェットが

> **IoTのためのSDNへ、さらにNFVへ**
> - 現在のインターネット技術の方向
> - IoTの求めるネットワークの方向
>   ⬇
> - 大量のドローンとジャンボジェットが飛び交う航空路管制のような柔軟なネットワーク管制が必要に
> - SDN (Software Defined Networks)
>   NFV (Network Functions Virtualization)
>   ■ ネットワークアーキテクチャを状況に応じて変更

飛んでいる中で大量のドローンが飛び回るようになるときにどうやって航空管制を行うのか。IoT時代のネットワークはまさにその状態で、家庭につながっているパーソナルコンピュータやタブレットでは映画を観たりしている。4K・8Kテレビの普及とともに大量のマルチメディア情報が飛んでくるわけです。その中で、センサーノードで非常に小さいけれどもリアルタイム性を求めるものが飛び交うというのはまさに、ヘリコプターやジャンボジェットが飛んでいる中にドローンが山のように飛んでいるような世界。今のインターネットを叩き壊すわけにはいかないので、ソフトウェア定義によりネットワーク構成を状況に応じて変えて、サーバのVM（仮想化）により仮想的なネットワーク機能を実現できる、SDNやNFVの研究が重要になると思います。

IoT-Engine、T-Car

IoT-Engine

　IoTの開発を支援するために、トロンフォーラムでは、物の中に入れる小さなボードの標準化をオープンアーキテクチャで進めています。どこに特徴があるかというと、ポイントはコネクタです。このコネクタの標準化を考えていて、ワンチップマイコン——ものによってはそれ自体の中に温度センサーなどいろいろなセンサーが入っているものもありますが——これが載った

1 オープンIoTの考え方

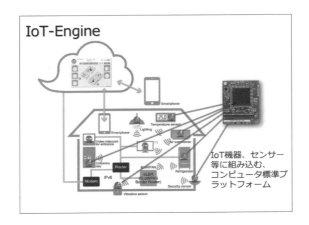

ボードのコネクタを標準化して、応用で必要な外付けデバイス——主にセンサーやアクチュエータを付けるコネクタを標準化したい。

それから電波は残念ながら全世界で標準化するのは難しい。どこの電波帯を何に使うのかというのは国によって違います。日本とアメリカも違うし、アメリカとヨーロッパも違うし、アメリカとアジア諸国と日本も違うので国ごとにやらなければいけません。ですから無線モジュールは、対象地域ごとに取り替えたい。そこで開発用のIoT-Engineでは、無線機の部分は別のモジュールとしています。

T-Car

「T-Car」というIoTの教育用パッケージを作っています（→P.64）。私はIoT時代のプログラミングをどう教えるのかということに興味を持っており、この10分の1サイズの模型自動車に、スピードセンサー、ライントラッキングセンサー、モーションセンサー、距離センサー、レーダーなどいろいろなものを積んでこれを教材とした教育コースを作ろうとしています。もちろん

> **T-Car**
>
> **■IoT教育用教材**
>
> ▶ 1/10スケール模型自動車にIoT-Engineおよび多種のセンサーを搭載
>   ◇ スピードセンサー、ライントラッキングセンサー、距離センサー、9軸モーションセンサー、温度、照度
>   ◇ Arduino互換I/Oコネクタを搭載し、市販パーツ(シールド)や自作基板で拡張が可能
> ▶ UCT 6LoWPANボーダールーター(別売品)経由でクラウドに接続
>   ◇ クラウドに接続された外部センサーからの情報を連携させてコントロール
> ▶ プログラム開発、デバッグに便利なワークベンチ

　IoT-Engine、6LoWPANも積んでいます。それで、スピードを競うというより、むしろいろいろな障害を避けながら、クラウドと連携して動く車のプログラミングをするような課題を出そうとしています。

　また車だけを知能化するのではなく、たとえば道路の状況がどうなっているか、道路に埋め込んだセンサーデータをクラウド経由で受け取って、路面がどうなっているかなど、自動車が感知しなくても道路に埋め込んだセンサーから情報を集めたデータを使えばいいということがあります。そういったものも駆使して最適に車を走らせる。

　T-Carで、誰がいちばん早く、障害を避けながら目的地に到着できるかを競う全世界コンテストを実施する予定で、賞金付きのオープンコンテストにしたいと思っています。車を知能化して、それをクラウドにつなげて一体何ができるのか。これはイノベーションですから、私達だけが考えるのではなく、こういった環境を提供してみんなで考えたい。そのためにはオープンアーキテクチャの必要がある。みんなで考えて、若い人にもプログラミングの仕方を教えて参加してもらうということが大事になります。

1 オープンIoTの考え方

オープンIoTによるサービス4.0

オープンIoTで実現する"おもてなし"

　今、世界ではオープンIoTで製造業を連携させたいという、たとえば"Industry 4.0"（→P.140）――これはドイツが言っているものですが――製造業で話題になっています。IoTというと、まず何に使うのかというときに、それは製造業で、ということです。私が今やろうとしているのは、サービス業にこの考えが使えないかということです。なぜかというと、2020年に東京オリンピック・パラリンピックがあり、日本の政府が興味をもっているのは東京オリンピック・パラリンピックのときに外国から来る観光客を増やすことや、日本人の考え方で"おもてなし"をしたいということ。せっかく日本に来ていただいたのなら、いい気持ちで帰っていただこうということで、オリンピック招致の際に"OMOTENASHI"と言う言葉が有名になりました。"OMOTENASHI"というのはお客様を歓迎したいということで、そのためにこのIoTが使えないかと考え、オープンIoTの概念を使った"Service 4.0"というプロジェクトを、産官学民でやろうとしています。

　たとえばホテルに泊まったとします。ホテルに泊まるとコンシェルジュに「今日ご飯を食べたいのだが、美味しいレストランはありませんか？」と聞いて、「ここはいかがですか？」と提案される。ではそこに行きたい、となるとコンシェルジュが予約をしてくれて、おすすめのメニューも教えてくれ

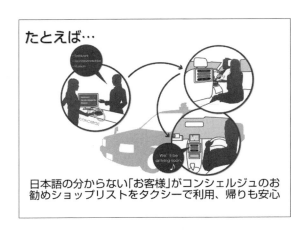

日本語の分からない「お客様」がコンシェルジュのお勧めショップリストをタクシーで利用、帰りも安心

る。タクシーの運転手にプリントアウトを渡し、「ここに連れて行ってください」と見せる。こういうサービスが連携できないか？　いちいち紙に出したりせず、私が考えているのは「おもてなしカード」または「おもてなしスマホアプリケーション」と二つありますが、「おもてなしカード」をコンシェルジュに渡すと、コンシェルジュおすすめの情報をカードまたはスマホで連携しサービスをする側に伝えられるようにする。

　情報は、実際にはクラウドの中に入っているのですが、それをタクシーの運転手に見せると、黙っていても行き先がどこにあるか、GPSデータがタクシーのカーナビに送られ、日本語ができなくても連れて行ってくれる。お店に行くと、コンシェルジュと相談したメニューが伝わる。たとえば豚肉が食べられない、鶏肉が食べられない、ベジタリアンなど、はじめて行ったレストランでも常連さんのように理解して対応してくれるのです。

言葉の壁もサービス連携で解決

　日本はまだ英語がなかなか通じない。また2020年には、新興国の観光客など、はじめての海外で英語も喋れないような人も来ます。そこで、注目が集まっているのが「自動翻訳」です。これにも期待が持てますが、自動翻訳もシチュエーションを理解した翻訳が必要ということで、そうなった場合この「おもてなしカード」というサービス連携のIoT基盤を使うことにより、おもてなしができないかということでもあります。

1 オープンIoTの考え方

このときどうやってお客様を認識・識別するかが重要になってきます。先ほどのucodeでサービス自身に番号を付けることも重要です。サービスに番号を付けるということが重要なのです。他のサービスと区別をするということです。個人を区別することも重要ですが、サービスも区別したい。複雑なサービス連携をやりたい。

たとえば「おもてなしカード」に"フランス語のみ使用"と入れておくと、デジタルサイネージ——いろいろなところに設置される電子看板——にカードをかざす、またはスマホに「おもてなしスマホアプリケーション」を入れておいてデジタルサイネージにかざすと本人が希望するフランス語で情報が出ます。情報は本人が承認した個人情報を管理するクラウドから来ます。英語と入れておけば英語で出てくる。

おもてなしインフラという、総務省の「2020年に向けた社会全体のICT化推進プロジェクト」という国家プロジェクトですけれども、産業界・民間・政府が一緒になって、2020年にどうやったらベストなおもてなしがICTの技術を使ってできるのか、ということをやろうとしています。

IoTのインフラとしての位置認識基盤

次にIoTのインフラとしての位置認識の話をします。IoTで重要なのは状況認識ですが、その状況として、今いるところがどこなのかが重要になります。特に屋内位置インフラが重要になってくる。今世の中で話題になっているのがBLEマーカーです。いろいろなBLE（Bluetooth Low Energy）を使ったマーカーが出てきています。これをいろいろなところに付けて位置を知る。

特に屋内ではGPSが使えない。準天頂衛星と言っても屋内では使えないので、BLEマーカーへの期待が高まっています。

問題は小さくなっているといっても電力が要ること。それから装置を付ける手間や、落下などがあった場合にどうするかということ。こうし

た問題を解決するucodeのビーコンマーカーを求めていたら、富士通から素晴らしいものが出てきました。日本のすばらしい技術によるBLEのucodeマーカーは、太陽電池で動き、表面実装──くにゃくにゃ曲げても平気、水に入れても壊れない。軽いし、BLE電波が10m飛びます。これを照明器具などの光の近くに貼り付けておくだけで動作します。

これなら、たとえ落下しても危なくない。ゴムですから。こうした優れた表面実装技術や太陽電池や小さなマイコンを作れるようになったので、新しいチャンスが来たのではないかと思っています。

今後、BLEマーカーの多くは、こういったものになるのではないでしょうか。電池を使用するBLEマーカーを欲しがる人は少ない。まもなく大量生産すると伺っております。で、これは一体いくらなのか。みんなが買えば安くなります（笑）。数百円くらいになれば、いろいろなところに付くと思います。

オープンデータでの活動

最後にオープンデータに関する我々の活動──これも2020年までにやる予定ですが──をご紹介します。日本の公共交通、特に東京の交通網は非常に複雑です。そのため、2020年の東京オリンピック・パラリンピックまでに複雑な交通網を、はじめて訪れた外国の方にもわかりやすく、公共交通を利用して移動できるようなインフラを作ろうというプロジェクトが始まって

① オープンIoTの考え方

います。なぜそれをやるかというと、2020年オリンピック・パラリンピックに人がたくさん来た場合、何もやらないと混乱を招く可能性が高いからです。駅の中は複雑。ですから駅構内のナビゲーションは重要になると思います。

東京は特に複雑です。こんなに複雑なところはほかにありません。こういった駅の施設で外国の方にどうやってガイドをするか。そういうときにIoTの技術を使う。欧州は割と楽です。たとえばロンドンは地下鉄が割合複雑ですが、運営しているのは一つの組織、市です。ところが日本の場合は何十社もあり、しかもすべて民間会社です。民間会社ですとある意味大変です。日本は民主主義の国ですから、政府が「やれ」と命令しても、民間会社が「はいそうですか」と聞く必要もないので――法律があれば聞きますが――政府が

多数の公共交通インフラ運営主体

多数の交通事業者
東京だけでも、鉄道14社局、乗合バス38社局、タクシー1,100社（個人除）

↓

日本の公共交通は民営化され
公共交通インフラは多くの事業者の集合体

2020年までに解決する

公共交通オープンデータ協議会を設立
東京乗り入れの主要公共交通機関が参加

オープンIoTへむけて

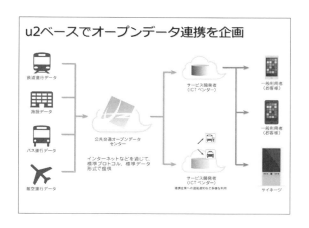

決めたからといって、すぐにそうはなりません。

そこで政府主導というより自主的にやろうということになり、「ODPT」（公共交通オープンデータ協議会）という団体を立ち上げました[注]。現在、JR東日本・東京メトロ・富士通・NECが理事となり、他のIT会社・鉄道会社・航空関連会社・バス会社などに入っていただいています。オープンデータを軸に2020年までに、はじめて訪れる東京でも複雑な公共交通を駆使して歩けるようにしよう、というプロジェクトを開始しました。

世界を変えるオープンIoT

最近になってやっと「オープン」というのが——30年前から言っていますが——重要性を増してきたことが多くの方々に理解していただけるようになってきました。機運が高まってきたと思います。TRONのキーワードは「オープン」で、オープンアーキテクチャなのですが、ソースコードのみではなく、オープンAPI、オープンデータなど、あらゆるモノがオープンになってきました。何をやりたいかというと、「コネクト」したいということです。

注）　公共交通オープンデータ協議会（ODPT）　http://www.odpt.org/
　　　鉄道、バス、航空などさまざまな公共交通を円滑に利用するための基盤づくりを目指して、交通事業者やICT事業者などにより設立された機関（会長：坂村健）。事業者を越えて、施設情報やリアルタイム運行情報などをインターネットで提供し、さまざまなアプリケーションやサービスの開発を促す。

1 オープンIoTの考え方

> # 目指すものは「オープン」IoT
>
> 「オープン」と
> それによる「コネクティビティ」こそが
> インターネットが社会を
> 大きく変えている力の本質
>
> ▼
>
> それに沿ったアーキテクチャこそが
> 今後さらに重要になってくる

　日本のみならず世界中で、誰もが「IoT」と言う時代です。どこの国に行っても「IoT」。これは「来たな！」という感じです。しかしオープンでなければ意味がありません。

　オープンにした後つなげたい、みんなをつなげたいのです。これは私達人間も同じです。世界中とつながりたい、そしてモノも一緒につながりたい、つながることによって「世界を変えたい。新しい世界を創りたい」のです。

② IoT実践に向けての取り組み

IoT-Aggregatorで実現するIoT
システム全体─Aggregate─で実現するという思想

坂村 健

オープンなIoT

　IoT（Internet of Things）が大きく社会を変えられる鍵はオープンにあります。インターネットは、誰でも何にでも使えるオープンなネットワークだったから社会を変えてきました。IoTのIは、まさにインターネットのIですから、広く誰もがインターネットのようにモノを自由につなげられることを示しています。

　ここに数社が試作をしたIoT-Engineがあります（写真1）。CPUは違いますが、ボード、コネクタはまったく同じ規格で作られています。たとえば、今、私の隣にあるこのドアの錠の中には、IoT-Engineが入っており、開け閉めのコントロールをしています（写真2）。直接インターネットにつながっているので、インターネットにつながったスマートフォンから、ドアの錠をON/OFF

写真1　IoT-Engine（前面）

写真2　IoT-Aggregator模型のデモンストレーション

できます。クラウドの中で連携させ、ドアの開け閉めに連動させて電灯の点け消しもできます。ドアも照明も作った人が違うので使っているCPUも違いますが、こうした連携のための環境を標準化し容易に実現するのがIoT-Engineプロジェクトです。

ガバナンス管理

　インターネット経由でモノを制御したりモノ同士を連携動作させたりするには、ガバナンス管理が重要になります。簡単にいうと、誰がいつ何をどのように制御できるかを管理するということです。適切に使うためには、高度な判断が必要になります。ガバナンス管理のメカニズムがなく、単にモノがインターネットにつながるというだけでは連携できません。

　これからの組込みシステムは、これまで以上にセキュリティが重要だと言われます。もちろんセキュリティは重要なのですが、単にデータが漏れないようにするといった単純なセキュリティではなく、データベースを使った高度な処理に基づくガバナンス管理も重要なのです。

　私の研究所である東京大学ダイワユビキタス学術研究館では、ビルのすべ

これからの組込みシステム

データと制御のガバナンスの
高度な管理が重要に
▼
「出さなければいい」だけのセキュリティより
高度な処理とデータベース資源が必要に

ての設備がインターネットに直結しています。照明や空調もインターネットにつながっていて、そのAPI（Application Programming Interface）をオープンにしています。ですから、学生でもこれらの設備を自由に制御できます。しかし、きちんとガバナンス管理されているので、私が講義や講演をしているときには学生はいたずらできない。照明は消えないようになっている。これがガバナンス管理です。

けれども、私が講演していないときには、自由に照明を点け消ししてかまいません。セキュリティを強固にしようというと、いっさい学生にはコントロールさせなければいいといった方向に行ってしまう。しかしそれは違います。誰が、どのようなときに、どのような権限で、何をコントロールできるのかを的確に制御するのがガバナンス管理です。

ガバナンス管理はクラウドで

さて、こういう仕組みをどう作るかですが、組込みシステムのガバナンス管理を強くしようとして、エッジノード側を複雑にしてしまいがちです。しかしそうすると、IoT-Engineに搭載される各チップメーカーさんのワンチップのマイクロプロセッサではパワー不足です。そこでもっと強力なマイコンをエッジに持ってくると高価で消費電力の大きなものになってしまう。私の考え方はエッジは軽くクラウドは重くです。今やエッジノードのマイコンだけで全部を

> **IoTに必要なのは
> より軽いエッジノード**
>
> エッジノード＝組込みシステムはより軽くし
> 高度な機能はクラウドに送るべき

処理しようというのは古い考えで、高度な処理はクラウド側で担うべきです。

そのためにはIoT-Engineだけでは不十分で、これがクラウドにつながるためのメカニズムとクラウド側のソフトウェアが重要になります。TRONでは、軽いエッジノードをモノの中に入れてその値段を安く低消費電力にすることを重要視しています。先ほどの例で、ドアの錠を開け閉めするだけの装置にいくらガバナンス管理が必要だからといって、エッジノードが高価になってしまったら誰も買わないからです。そこら中に入ったコンピュータが大量の電力を消費したら大変です。IoTに必要なのは軽いエッジノードであり、組込みシステムはどんどん軽くしなければいけない、というのがプロジェクトの基本方針です。

アグリゲート・コンピューティング・モデル

TRONが考えるオープンIoTのモデルを、アグリゲート・コンピューティング・モデルとよんでいます。アグリゲート（Aggregate）は"総体"という意味です。たとえば家の中にエアコン、テレビ、オーディオ装置、洗濯機があるとします。これまでは、これらをホームオートメーションでつなごうとすると、各家電に高度なマイクロプロセッサを搭載してホームLANというような名前のLANにつなぐ。さらにホームLAN上のホームサーバからインターネットにつなぐといったアプローチでした。こうすると、エッジノードが重くな

2 IoT実践に向けての取り組み

ります。一つ一つのマイクロプロセッサ上にセキュリティ機能を実装しないといけない。

私の考えはこれとは違い、各家電をクラウドに直結させます。直結先が各メーカーのクラウドで、そのクラウド同士がネットの中で連携します。その連携の要になるシステムを、

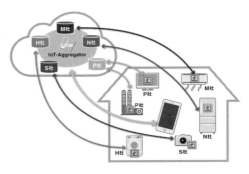

IoT-Aggregator といっています。クラウド側のプラットフォームです。エッジノードだけでなく、クラウド連携のためのプラットフォームも一緒に提供していきます。

たとえば、M社のエアコンがあったら、この中にIoT-Engineが入っています。クラウド上のプラットフォーム側にも、M社のその受け口が用意されています。機器同士を接続するというのは、エッジノード同士を直接つなげるのではなくて、クラウドの中でつなげるということです。M社とS社の機器をつなげるなら、クラウドの中でつなぐということです。これがいちばん大きな特長です。これは新しい情報処理の形であり、世界に先駆けてこのアグリゲートモデルを提唱しそれを開発していくことをTRONプロジェクトは表明しています。

アグリゲート（総体）モデル

組込み製品はメーカーのクラウドに直結
そのクラウドがAPIをオープン化
それらが他のクラウドと連携して動作する

情報処理系OSを搭載して
直接APIを公開する製品とも連携可能

トンネリング

　組込み製品はそのメーカーのクラウドに直結する。そして、そのクラウドでのAPIをオープン化して他社のクラウドと連携して動作するようにします。エッジに情報処理系OSを搭載して直接APIを公開する製品とも連携は可能です。しかし、情報処理用のOS、たとえばAndroid機器を直接ドアの錠の中に入れたらハードウェアが高価になってしまいます。

　そこで機器とクラウドの間はトンネリングで直結します。特定クラウドとの常時直結通信しか考えなければ、少ない資源で、単純かつ強固なセキュリティが実現できるというのが私の考えです。極端に言うとトンネリングの際、接続先の情報をROMに入れてしまい特定の場所にしかつながないとすれば、これだけでもセキュリティ向上につながります。

　エッジノードの本体をデバイス実身とよんでいます。クラウドではこのノードのつながり先に対応するものをデバイス仮身といいます[注1]。エッジノードに対応する仮身があって、そこに向けてトンネリングという技術で、オープンネットワークでも、セキュアな通信経路を確立します。エッジノードにア

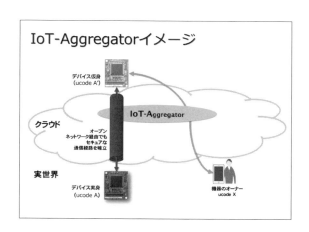

注1)　実身と仮身
　　　パソコン用TRON仕様OS「BTRON」でのファイルシステムの用語。実身はファイルの実体であり、それを指し示すのが仮身。インターネットに置き換えると、実身はウェブページの実体であり、仮身はそれを指し示すリンクにあたる。

クセスするときは、直接通信するのでなく、IoT-Aggregatorを経由してデバイス仮身経由でアクセスします。エッジノードとクラウド間は仮想的な常時直結状態と考えていいので、ローカルには複雑なガバナンス管理機能が要らなくなります。

高度な処理はクラウドで

　TRONの基本的な考えは、システムの総体としてインテリジェンスを保持するということです。単体のエッジノードのほうは軽くして、高度な機能はクラウドに持っていくということを徹底的に推し進める。これがIoT-Aggregatorの大きな特長です。

　たとえば人工知能を使った画像認識をエッジノードのマイコンだけで処理すべきではありません。最近のカメラには、カメラ側で認識しようとするものがありますね。だから安くはないですよね、こういうカメラ。しかし、すべてクラウドで処理すればカメラは安くなります。自然言語による音声認識も同様です。きちんと実現するには辞書やコーパスを大量に持たないといけない。それは安価なエッジノードでは実現できません。他にも、家電の動作データから故障の前兆を知って予防メンテナンスするとか、ヘルスケア用品の測定値を元に高度な医療アドバイスをするといったビッグデータに基づく解析も同様です。

　これからは、目的にもよるのですが、IPv6（アイピーブイシックス）のサブセットである6LoWPAN（シックスローパン）、さらにはLPWA（Low Power Wide Area）とよばれるIoT向けの低消費電力、広域カバー通信技術により、エッジノードの常時ネット接続が可能になると考えています。都市部で過ごすときには、高速常時接続ネットワークを前提にできる。そこで、こういった情報システムの探求に、最大限力を入れたいと思っています。

IoT-Aggregator

　今後、総体を管理するためのクラウド側のいわばメタOSが新たな主戦場になります。コンテクストアウェアな処理、ビッグデータ解析、異種データベー

総体を管理するメタOSが新たな主戦場

メタOS = IoT-Aggregator
コンテキスト・アウェア／ビッグデータ解析
異種データベース統合／異種API統合
セキュリティ／アクセス・コントロール
ガバナンス・ポリシー

IoT-Aggregator概要

- IoTデバイスとそのデータを管理するための オープンなプラットフォーム
- 特徴
  - 他システムへのインタフェースを提供するデバイス仮身
    - IoTデバイスをレゴブロックの部品のように組み合わせてプログラミングすることが可能
    - Web上のダッシュボードに仮身を貼り付けて、センサ値のグラフを表示
    - Web上の文書への貼りこみも可能
  - 高度なポリシーベースでの実デバイスの制御
    - 実デバイスへのアクセスを制御し、適切なアクセス制御を実現
    - 複数のデバイスからなる、「部屋」のような仮想デバイスをソフトウェア的に実現
      - 例：空調システムの部屋全体での最適化、etc.

ス統合、異種APIの統合、セキュリティ、アクセスコントロール、ガバナンスポリシー。メタOSは、これらを制御する機能を持ち、既存プラットフォーム（OS）同士を結び付けるものです。

　TRONで実現するメタOSを「IoT-Aggregator」と名づけ、そこに「u2（uIDアーキテクチャ2.0）」という統合フレームワークを採用します。この統合フレームワークでは、すべてのIoT-Engineにucode（ユーコード）を振ります。ucodeは名前のようなもので、ユニークな認識を可能にするIDです。ucodeが付いたIoT-Engineがこの統合フレームワークに登録されます。インターネットでは電子メールアドレスを知っていればその人にメールが届くように、ucodeを使ってどの機器とつなげたいという指定ができます。そのときの状況に応じて、その通信を許可する許可しないという判断もこのフレームワークの中で行います。

　たとえば、各社のビデオ、ドア、エアコン、オーディオ、監視カメラ、環境センサーなど全部にucodeが振られサーバに登録されます。IoT-Aggregatorでは、これとこれをつなげていいとか、これとこれはつなげてはいけないというルール（アクセスポリシー）をユーザが書けるようになっています。

　そして、IoTデバイスをレゴブロック部品のように組み合わせてプログラミングできます。この電灯とこのドアの開閉は連動させたいといったことを、ウェブ上でブロック部品を組み合わせて模型を作っていくのと同じようにして組み上げられます。

　さらに、このプラットフォームの中で、アクセスポリシーが書けます。こ

の人はアクセスしてもいいけれど、この人は駄目というようなことをきめ細かくクラウドの中で設定できます。誰というだけでなく、この日ならこの人はいいけれど、ほかの日は駄目といった指定もできます。

IoT-Engine

　IoT-Engineでは何を標準化したかというと、ノード側に関しては、第一にコネクタを標準化し、第二にμT-KernelというTRONのリアルタイムOSを搭載することを標準にしました。こうすれば、クラウドと簡単につながります。ここまでをまとめると、CPUは何でもいい。コネクタは標準化されている。OSはμT-Kernelを載せる。あとは、エッジノードをどうやってネットにつなげるかということです。

　写真1のIoT-Engineボードをよく見ると、ピンコネクタがあります。このピンコネクタには、センサーやON/OFFするスイッチをつなげます。写真2にある模型のドアと電灯に対して、スマートフォンからドア開閉用のAPIをIoT-Aggregatorに送ると、カチッと音がしてドアの錠が開閉します。スマートフォンからインターネット上のIoT-Aggregatorに指示が飛んで、続いてIoT-Aggregatorからこのドアの錠に向かってコマンドが届き、ロック錠が開いたり閉まったりしたのです。

6LoWPANの採用

　さて、IoT-Engineをどうやってインターネットに接続するかという重要な課題に移りましょう。そのために見ていただきたいのが、このボードの背面のコネクタです（写真3）。インターネットにつなげるときには、BluetoothとかWi-Fiとか、いろいろな方法がありますが、消費電力を低くする目的で6LoWPAN（→P.110）を採用しました。6LoWPANのWi-Fiに対するメリットは

写真3　IoT-Engine
（背面、6LoWPANモジュールを取り付けた状態）

IoT-Aggregatorで実現するIoT

写真4　IoT-Engineへの参入を表明した半導体メーカー、ソフトウェア会社

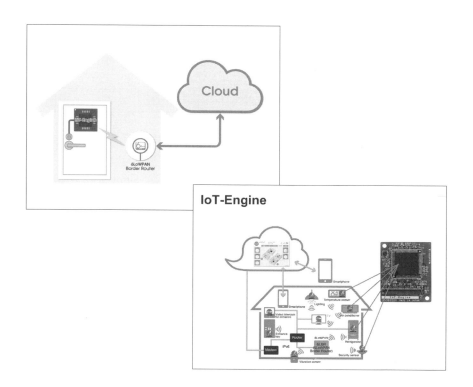

消費電力が小さいことです。Bluetoothに対するメリットはIPv6で直結できることです。これも非常に重要で、一個一個にIPを与えたいとなったら、もうIPv6でいくしかない。

現在世の中にあるほとんどの機器では、インターネットへの接続はIPv4によるWi-FiかBluetoothを使います。私たちはIPv6で直結するのが本来の形だろうと考えましたが、さすがに電灯の点け消しや電磁ロックの開け閉めにIPv6のWi-Fiは大げさなので、6LoWPANを採用しました。6LoWPANは、IPv6のサブセットです。組込み機器用の6LoWPANモジュールを開発し、IoT-Engineのコネクタにつながるようになっています。それが背面にあるコネクタであり、ここも標準化されています。

なぜ6LoWPANモジュールが取り外しできるようになっているかというと、電波利用に関する各国の法規制に対応するためです。6LoWPANに使える電波周波数は、世界各地域で異なるので、それぞれに対応するよう6LoWPANモジュールを取り換えられるようにしました。ただし、大量生産すればメインのマイクロチップモジュールの中に6LoWPAN機能が入ったものも開発可能です。そういうものであれば本当のワンチップになります。

IoT-Engineを構成するもの

IoT-Engineの標準化のやり方をまとめると、共通化したものはコネクタ、μT-Kernel OS、もう一つ小型低消費電力が可能なWPAN（IEEE802.15.4）の無線を搭載するということ。WPANは、Wireless Personal Area Network、近距離無線通信というもので、電池だけでなく、光や振動などのエネルギーハーベストで動作させるような機器にも対応できる無線方式に付けられた総称です。たとえばリチウム電池の場合、動作の頻度にもよりますが、数年間電池交換不要といったことも可能です。

IoT-Engineでは、クラウドのWebAPIと親和性が高いCoAP[注2]（Constrained Application Protocol、簡易HTTPプロトコル）が標準搭載されています。し

注2) CoAP（Constrained Application Protocol）
機器同士の通信のための通信プロトコルの一つ。ウェブページ閲覧に使われるHTTPに比べデータ処理量が少なく高速な通信が可能。低価格、低消費電力の軽いデバイスでも動作する。

たがって、6LoWPANプロトコルとCoAPを使って、IoT-Aggregatorにつなげることになります。

リアルタイムOSのμT-Kernel 2.0は、WPANのビーコンモードにおいてマイクロプロセッサをディープスリープモードに落とすことができる、超低消費電力対応のOSです。

IoT-Engine規格の標準化

TRONのOSの特長は、プロセッサアグノスティック（agnostic）といって、マイクロプロセッサは、世界中のどんなものも使えるようにしようとしていることです。そのために、IoT-Engineでは、非常に自由度を持った信号ピンの割当てをしています（→P.58）。低コストで短期開発に有効なArduino互換（アルドゥイーノ）I/O信号ピン割当ても持っています。この背景には、周辺機器を新たにいろ

IoT-Engineの特長

■ **小型・低消費電力を目指したWPAN(IEEE802.15.4)無線搭載**
- 周波数は、国により異なるが780MHz(中国)、868MHz(欧州、インド)、915MHz(北米、豪州)、920MHz(日本)、2.4GHz(世界共通)など
- ◇WPAN : Wireless Personal Area Network 近距離無線通信
- 電池やエネルギーハーベストで動作させるような機器にも対応できる低消費電力向け

■ **CoAP、6LoWPANプロトコルを搭載**
- 6LoWPANボーダールータ経由でクラウドに接続する
- クラウドのWeb APIに親和性の高いCoAPを搭載する

■ **IoT-Aggregator接続**

IoT-Engineの特長

■ **低消費電力対応μT-Kernel2.0 RTOS搭載**
- マルチタスクプログラミングによる高度な制御ロジックが容易に実装できる
- IEEE802.15.4ビーコンモードで、マイコンをDeep Sleepモードに落とせる超低消費電力対応

■ **IoT-Engineのコネクタの標準化**
- 0.4mmピッチ100ピンコネクタとコネクタ横の固定ネジ位置
- マイコンの違いを吸収できる自由度を持たせた信号ピン割り当て
- 低コスト・短期開発に有効なArduino互換I/O信号ピン割り当てを持つ

2 IoT実践に向けての取り組み

いろそろえるのは手間がかかるということがあります。Arduino用の周辺機器は世界中にたくさんあり、それらをこのIoT-Engineのコネクタで全部接続できるようにしました。

こうして大量の周辺機器をいろいろ揃えやすくするために、コネクタ寸法規格、コネクタ信号割当てガイドライン、典型的なデバイスのドライバインタフェース、ミドルウェアインタフェース、そういうものを開発環境として提供しています。

IoT-Engineのコネクタの信号規格（割当て）や物理的寸法は非常に細かく定義されています。

しかし、逆にいえば標準化されているのはこれだけですので、世界中のマイコンメーカーにとっては参入しやすい市場です。ユーザに対しては、CPUの機能や性能で競ってもらうという環境が提供できたと思います。

IoT-Engineとは何か

IoT-Engineとは何か

　IoT-Engineは、さまざまな製品（モノ＝Things）をインターネット連携し、IoT（Internet of Things）化するための開発標準プラットフォームである。開発プラットフォームではあるが、記念切手くらいのサイズなので、実際の機器の中に組み込んで使うこともできる。

　標準化は、トロンフォーラムのIoTワーキンググループで進められ、標準化される部分についてはオープン化される。また、すでに数社の半導体メーカー製MPUを搭載したIoT-Engineが利用できるようになっている。

　IoT-Engineは、インターネットに接続するための無線インタフェースを搭載している。この無線には、Wi-Fiより省電力なIEEE802.15.4を採用している。IEEE802.15.4は、WPAN（Wireless Personal Area Network）、すなわち近距離無線通信の規格で、この中にさらに細分化された規格がある。ZigBeeやスマートメーター用の規格も含まれている。

　IoT-Engineでは、UHF帯の電波を使い100 〜 400kbpsの通信レートで、IPv6と互換性のある通信仕様を標準的に採用している。IoT-Engineを搭載

2 IoT実践に向けての取り組み

した機器は、ボーダールーターとよぶ親機を経由してインターネットに接続する。これはWi-Fiでいうアクセスポイントに相当する装置である。

IoT-Engineは、ハードウェア基板や無線、OSのみの規格ではない。IoT-Aggregator上で動作し、クラウド上のさまざまなサービスと連携できるようになる。IoT-Aggregatorでは、IoT-Engine

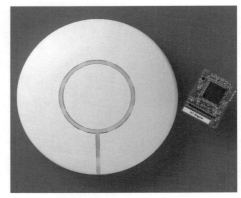

6LoWPANボーダールーターとIoT-Engine

を搭載した実世界の機器はデバイス実身とよばれ、クラウド上には対応する仮想的なデバイスである、デバイス仮身が登録される。クラウドのプログラムをデバイス仮身に対して実行すると、対応した実世界の機器が制御される。

従来の方式では制御される装置と制御盤があり、双方にプログラムするこ

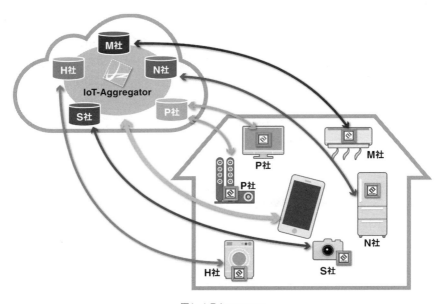

図1　IoT-Aggregator

56

とによりシステムが作られていたが、IoT-Aggregatorでは、制御盤はクラウド化され、プログラムもクラウドに集中的に置かれる。このため制御される機器側のプログラムは軽くできるという特長がある。

　IoT-Engineからクラウドまでは、WPANおよびインターネットを経由するが、その間はセキュアな通信路が確立されるので、事実上IoT-Engineがクラウドに直結されたのと同じと考えることができる。

　どの機器間で、どの利用者が、何をすることができるのか、というアクセス制御はクラウド上で管理される。IoTでは非常に多数の機器が扱われ、かつ、一部の情報は公開してもよいというような、かなり複雑なアクセス制御が必要になる。これを装置側にアクセス制御をもたせると、膨大なテーブルと判定ロジックが必要になり、実装上問題になる。IoT-Aggregatorを利用するIoT-Engineでは、これらの実装はクラウド上にあるので、実装置はシンプルな構成にできる（図1）。

IoT-Engineのハードウェア規格

　IoT-Engineは、MPUと無線を搭載した基板のコネクタおよび固定穴位置を規定している。基板寸法は、参考寸法を出しているが、規定はしていない。無線部は小基板をMPU基板に搭載する方式、またはMPU内蔵やMPU基板上に構成してよい。IEEE802.15.4の無線周波数帯は、サブGHz帯のUHF、または2.4GHzが使われるが、サブGHz帯UHFは世界各国で利用可能な周波数が異なる。日本では、920MHz帯 ARIB T-108準拠となる。無線部を分離型にすると、各国仕様に合わせた無線モジュールに交換できるため、開発時は便利である。

　IoT-Engineのコネクタは0.4mmピッチの100ピンで、MPUの部品側に実装する。無線部を分離している場合は、コネクタと反対面に無線部を搭載するのがよく、基板上アンテナの場合は、アンテナ位置がIoT-EngineのMPU基板から外に出るような実装も可能である。図2にIoT-Engineの機械的寸法を示す。規定するのは、コネクタの品番、コネクタ位置と固定穴一つの位置関係であり、他の括弧付きの寸法は参考寸法である。規定の固定穴側がコネクタの信号ピン番号1となり、奇数ピン番号が基板エッジ側となる。

2 IoT実践に向けての取り組み

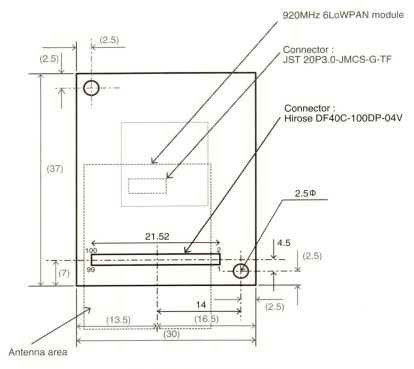

図2 IoT-Engineの機械的寸法規格

信号割当て

　コネクタの信号割当てを、表2に示す。表の左側が基板エッジ側で、左側のSIGNAL ASSIGNMENT信号名に網掛けがしてある部分は、Arduino I/O互換信号である。Arduinoは、アマチュア向けの安価なMPUボードで、I/Oコネクタに接続できるさまざまなセンサーやインタフェース、拡張基板などが安価に販売されている。I/O信号割当てに互換性を持たせているためIoT-Engineからも、これらの市販センサーなどを活用可能である。

　IoT-Engineのコネクタ信号表のTYPEの欄にあるように、信号割当てはP（デジタルポート）、S（マルチファンクション・シリアルポート）、A（アナログポート）などのようにタイプ分けしてある。最近のMPUのI/O信号は、複数の機

能を設定で変更できるようになっており、型番によってI/Oとして使える種類や信号数も異なる。したがって、すべてのMPUに共通の割当ては不可能だが、表1のガイドラインを参考に、タイプごとにつけられた番号の若いほうから優先的に割り当てることで基本的な互換性が取れるようになっている。

表1　信号割当てのガイドライン

デジタルポート

TYPE		
[P0]	Arduino I/O 互換	UART
[P1]	Arduino I/O 互換	–INT/IO/PWM
[P2]	Arduino I/O 互換	–INT/IO
[P3]	Arduino I/O 互換	I²C
[P4]	I/O、PWM	

マルチファンクション・シリアルポート
USART : SPI/UART/I²C として利用可能

TYPE		
[S0]	Arduino I/O 互換	SPI
[S1]	SDカード用SPI	
[S2]	UART（デバッグ用）	[A5]兼用領域
[S3]	UART	
[S4]	汎用I/O	

システム用

TYPE	
[JS]	デバッガ接続用
[Q0]	–NMI及び標準的なシステム用割り込み
[Q1]	USB/SD用の割り込み or GPIO
[MS]	–RESET及びモード信号
[RS]	RTC及び電源管理用信号
[KEY]	電源電圧等のモード指定

アナログポート

TYPE	
[A0]	Arduino I/O 互換　AI（アナログ入力）
[A1]	Arduino I/O 互換　AI（アナログ入力）
[A2]	AI（アナログ入力）
[A3]	AI（アナログ入力）or I²C
[A4]	AI（アナログ入力）or AO（アナログ出力）
[A5]	AI（アナログ入力）　[S2]兼用領域

ユーザI/O（ユーザカスタム信号）

TYPE	
[U0]	ユーザI/O（UARTの追加）
[U1]	ユーザI/O

RFモジュール用カスタム信号

TYPE		
[R0]	RF用	モード信号等
[R1]	RF用	デバッグ信号

KEY1/KEY2：基板の電源タイプなどを表す
それぞれOPEN（開放）、Pull UP（電源側と10kΩで接続）、Pull Down（GND側と10kΩで接続）により9つのタイプを表す

KEY1	KEY2	Vcc 電圧	その他
OPEN	OPEN	3.3V	
Pull Down	OPEN	2.5V	
OPEN	Pull Down	1.8V	
Pull Down	Pull Down	5V	
OPEN	Pull Up	3.3V	I/Oデバイスが5V耐圧
Pull Up	OPEN	3.3V	AI（アナログ入力）信号なし
Pull Down	Pull Up	2.5V	AI（アナログ入力）信号なし
Pull Up	Pull Down	1.8V	AI（アナログ入力）信号なし
Pull Up	Pull Up	リザーブ	リザーブ

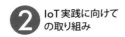

表2 IoT-Engineコネクタの信号表

T-Car	TYPE		SIGNAL ASSIGNMENT	EDGE-SIDE	OUT-SIDE CONNECTOR
	VBATT		VBATT		1
MicroSD-CD			–WKUP	1	3
Photo-sensor (speed)			SCK	2	5
USB Vbus	GPIO/INT	[S3]	TXD	3	7
I2C Enable			RXD	4	9
DIP-SW			GPIO	5	11
			GPIO, IO7 (IO)	6	13
	UART	[P0]	**RXD, IO0 (RX)**	7	15
			TXD, IO1 (TX)	8	17
	GND			GND	19
			–INT, IO2 (INT)	1	21
			GPIO, IO4 (IO)	2	23
		[P1]	**PWM, IO3 (PWM/INT)**	3	25
			PWM, IO5 (PWM)	4	27
	PWM		**PWM, IO6 (PWM)**	5	29
motor PWM			PWM	6	31
motor PWM		[GP]	PWM	7	33
Analog Speaker			PWM	8	35
	GND			GND	37
			MISO, IO12	1	39
	SPI	[S1]	**MOSI, IO11**	2	41
			CLK, IO13	3	43
			SS, IO10	4	45
	GND			GND	47
		[P2]	**PWM, IO9 (PWM)**	2	49
			GPIO, IO8 (IO)	1	51
	GND			GND	53
Pin Header			32kHz-IN	14	55
Jumper Pin			32kHz-OUT	13	57
Front LED	RTC	[RS]		12	59
Front LED				11	61
LED			–RESET_OUT	10	63
LED			–WKUP	9	65
	I2C	[P3]	**SDA**	8	67
			SCL	7	69
			AIN, A3	6	71
		[A1]	**AIN, A4**	5	73
	ANALOG		**AIN, A5**	4	75
			AIN, A0	3	77
		[A0]	**AIN, A1**	2	79
			AIN, A2	1	81
	GND			AGND	83
–			RF_SWCLK	6	85
–		[R1]	RF_SWDIO	5	87
–	RF CONTROL		RF_SWO	4	89
–	/DEBUG		RF_NMI	3	91
–		[R2]	RF_RESET	2	93
–			RF_MODE	1	95
	KEY	[KEY]		KEY2	97
				KEY1	99

Arduino I/O connector compatible signals

IoT-Engineとは何か

IN-SIDE

PIN#		SIGNAL ASSIGNMENT		TYPE	T-Car
2	**D3.3V**			**D3.3V**	
4	**D3.3V**				
6	1	USER-OPT1			ACC-sensor INT
8	2	USER-OPT2	[U0]		ACC-sensor SDA (I2C)
10	3	USER-OPT3		USER OPTION	ACC-sensor SCL (I2C)
12	4	USER-OPT4			-
14	5	USER-OPT5	[U1]		Jumper Pin
16	6	USER-OPT6			Jumper Pin
18	**GND**			**GND**	
20	1	SWCLK			SWCLK (JTAG)
22	2	SWDIO	[JS]	DEBUG	SWDIO (JTAG)
24	3	SWO			-
26	4	Vref			Vref
28	5	–NMI			Push-SW
30	6	–INT	[Q0]		Push-SW
32	7	–INT		NMI/INT	Push-SW
34	8	–INT			USB-D+(UP)
36	9	–INT	[Q1]		Jumper Pin
38	10	–INT			Digital Speaker
40	11	SS			SD_CS
42	12	MISO	[SD]	SD	SD_MISO
44	13	MOSI			SD_MOSI
46	14	CLK			SD_CLK
48	**GND**			**GND**	
50	1	D+	[USB]	USB	D+ (USB)
52	2	D–			D– (USB)
54	**GND**			**GND**	
56	4	GPIO			Photo-sensor (Line1)
58	3	GPIO	[S4]	GPIO	Pin Header
60	2	GPIO			Photo-sensor (Line2)
62	1	GPIO			USB Status
64	**GND**			**GND**	
66	8	–RESET			RESET
68	7	MODE0	[MS]	SYSTEM	MD0
70	6	MODE1			MD1
72	5	CTS			USB-UART-RTS
74	4	RXD	[S2]		USB-UART-TXD
76	3	TXD	or	UART	USB-UART-RXD
78	2	SCK			Pin Header
80	1	RTS	[A5]		USB-UART-CTS
82	**AGND**			**GND**	
84	8	AI	[A2]		Analog-SW
86	7	AI			Analog-SW
88	6	AI			Temp-sensor
90	5	AI	[A3]	ANALOG	Pin Header
92	4	AI			Pin Header
94	3	AI			Mic
96	2	AI	[A4]		Range-sensor
98	1	AI			Light-sensor
100	**AVCC**			**AVCC**	

Connector : HIROSE DF40C-100DP-0.4V

タイプUは、ユーザのカスタム信号の割当て用で、この部分は互換性を考慮しなくてよい。システム用のタイプKEYは電源電圧などのモード指定をオープン、プルアップ、プルダウンで行えるようになっている。タイプRは、RF部にコントローラCPUを搭載しているような場合のモード信号、デバッグ信号を割り当てる。

IoT-Engineの製品

IoT-Engineの製品は、2016年度に各社のMPU搭載品が続々予定されている[注]。無線部が二段重ねになっていて交換可能、標準構成は920MHzのIEEE802.15.4g、ARIB STD-T108準拠となっている。

IoT-Engineのソフトウェア

IoT-Engineは、現在規格策定中のOpen IoT Platform対応のライブラリが搭載される。OS部分は、μT-Kernel 2.0（μT2）である。IEEE802.15.4対応の無線スタックは、IPv6をWPANに載せるために規格化された6LoWPANをネットワーク層に持つ。6LoWPANは、IPv6 over Low-Power Wireless Personal Area Networkの略語で、低速でパケットサイズの小さいWPAN向けに簡略化やパケット分割を行う。トランスポート層はUDPやTCPである。IoT-Engineは、6LoWPAN対応の6LoWPANボーダールーターを介して、LANやInternetに接続できる。

IoT-Aggregatorライブラリが搭載されたIoT-Engineは、エンドユーザが簡単な操作で対応クラウドと接続できるようになる。IoT-Aggregator上では、異なったメーカー製であっても、接続されたIoT-Engine搭載製品の連携ができる。どれとどれを連携させ、データのうちどれはどのサービス処理をしてよい、このデータは開示してもよい、といったシステム構成やアクセス制御をクラウド上で行うことができる。従来、メーカーを超えた連携は、複数メーカーの専門家が集まって設計をするような大型ビルや工場などでは行われた

注） 東芝マイクロエレクトロニクス、ルネサス エレクトロニクス、Cypress、Imagination Technologies、Nuvoton Technology、NXP Semiconductors、STMicroelectronics

IoT-Engineの構成例（下がMPU、上が無線部）

が、連携のためのコストは高かった。また実際にはサブシステム同士の接続となるため、きめこまかな連携——たとえば空調サブシステム外の温度センサーと明るさセンサーを空調制御に反映させるのは簡単にはできなかった。IoT-EngineとIoT-Aggregatorはこれらの問題を解消し、自由度が高く、機能を発展的に拡張できる画期的機能を提供できる仕組みと言える。

T-Carによる教育

クラウド連携型の教材 T-Car

　IoT-Engineを使った、クラウド連携型のIoTシステムの教育・研究向けに、10分の1スケールの模型自動車を使ったT-Car（ティーカー）とよぶ教材が用意されている。市販のラジコン用の自動車フレームに、多種のセンサー類、速度制御、ステアリング制御などのインタフェースを搭載した基板を搭載する。このインタフェースボードをコントロールするのが、クラウドと連携するIoT-Engineである。T-Carを動かすためには、クラウドとIoT-Engineをつなぐための6LoWPANボーダールーターとLAN（Internet）が必要である（図1）。

　T-Carのシステムで想定するのは、LANを経由して、PCやスマートフォンからコントロールする構成ではない——もちろんそれも可能ではあるがT-Car自体の持っているセンサーのほかに、環境から得られるセンサー情報がクラウドで収集される。またクラウド中にシチュエーションを生成させ、それらとT-Carのセンサー情報とを複合した形で判断・制御をしていく。T-Carに搭載したIoT-Engineはセンサー情報の収集と車のコントロールを行う。IoT-Engineは、脳幹の機能を果たし、クラウドが大脳という機能分担である。

T-Carによる教育

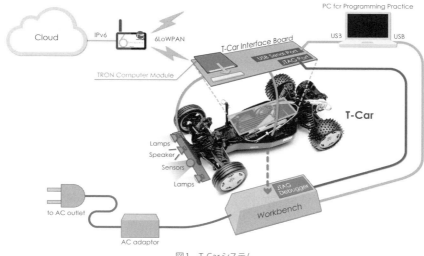

図1　T-Carシステム

　環境から得られるセンサー情報は、たとえばT-Carの走る領域を撮影しているカメラ、交通信号相当の情報といったもの。本物の車ではないのでGPSによる自車位置情報に相当するものはカメラの映像から提供するということにもなる。

　シチュエーションとしては、道路の混雑具合や天候など。こういうものと、自車のセンサーによる反射的制御に加え、クラウドの大脳で処理された指示を使ってコントロールしていく。

　T-Carを使ったコンテストを計画しているが、特定のコースを走るスピード競争ではない。自動走行の車のように、その場で発生するいろいろな事態に対処して事故を起こさないで走行するという点を競うものだ。

T-Carの構成

　ベースとなるラジコン自動車は、コントローラ（プロポ）の操作を無線で伝送し、ラジコン受信機側で速度とハンドル操作をそれぞれPWM（パルス幅変調）の信号として、スピードコントローラ、ステアリングコントローラ

2 IoT実践に向けての取り組み

T-Carの主要センサー・デバイス①

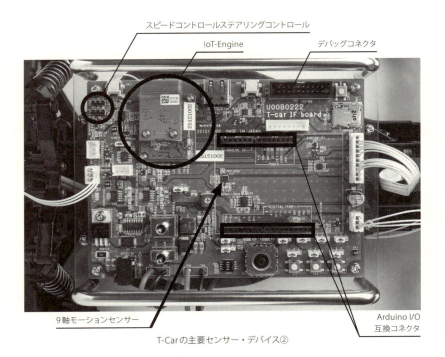

T-Carの主要センサー・デバイス②

に供給するようになっている。ラジコン受信機の代わりに、IoT-Engineを搭載したインタフェースボードから、自動車のスピードコントローラとステアリングコントローラにPWM信号を与えることにより、IoT-Engineで車が制御できるようになる。

赤外線距離センサー（アナログ）
20〜150cmの測距

RGB調光LED

オレンジLED

スピーカー

T-Carの主要センサー・デバイス③

ライントラッキングセンサー
LEDと光センサーの組み合わせで路面の反射量を検知する。
白い道路上で黒いラインに沿って走行制御するときに使う。

T-Carの主要センサー・デバイス④

速度センサー
ライントラッキングセンサーと同じ方式
タイヤホイールの内側に白いテープが貼ってある。
回転速度や走行距離を算出する。

T-Carの主要センサー・デバイス⑤

インタフェースボードには、9軸モーションセンサー（それぞれ3軸の方位、ジャイロ、加速度センサー）が車体中央にあり、車両前方に縦に付いている基板（フロントユニット）には、赤外線式の距離センサーが付いている。このほかRGBで自由な色を出せるヘッドライトLED、ウインカー相当のオレンジ色LED、スピーカーが付く。車体底面には、道路の走行ガイドにテープを貼り、それに沿って走行することができるよう、光学式のライントラッキングセンサーが付いている。車の速度や走行距離を取得するために、後輪のホイール内側にテープを貼り、光学センサーで回転数をカウントできるようになっている。

インタフェースボードには、スイッチやアナログジョイステック、LED、デバッグポートなどが備わっている。また、Arduino I/O互換インタフェースコネクタが中央部に設けてあり、市販のセンサーや基板類、さらに自作の装置を簡単に接続して利用することができる。もちろん、このI/Oコネクタは、IoT-EngineのArduino I/O互換信号に接続されている。

なお、IoT-Engineコネクタの信号表（→P.60）のT-Carの欄は、まさにT-Carのインタフェースのどこに接続されているかを示している。新たなMPUのIoT-Engineを設計する場合は、T-Carの欄も考慮すると、T-Carのコントロールにそのまま使うことができる。

ワークベンチ

T-Carのソフトウェア開発をデスクトップで行うのに便利な専用のワークベンチを用意している。T-Carのデバッグは、ワークベンチに載せて行う。うまく車体を支持できるようにデザインされていて、T-Carを載せるとタイヤはテーブルから離れる。プログラムを開発するときに車が走り回ることでデバッグが困難になるのを解消する。

ワークベンチには、JTAGデバッガが内蔵されていて、ワークベンチ上のT-Carのデバッグコネクタに簡単に接続できるように配置されている。T-Carの電源はNiCd充電バッテリーだが、ワークベンチから供給する電源をコネクタでインタフェースボードに接続し、スイッチを切り替えるとNiCdバッテリーの充電を行うことができる。

T-Carによる教育

ワークベンチとT-Car

おわりに

　T-Carのインタフェースボードは、そのままIoT-Engineの開発ボードとして利用できる。IoT-Engineの教材としてT-Carは作られているが、IoT-Engineの応用範囲は自動車だけではなく、あらゆるモノということができる。T-Carを活用すれば、かなりのモノに応用するための開発ができると考えられる。そして、その威力はIoT-Aggregatorにより大きく高まる。

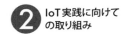

2 IoT実践に向けての取り組み

半導体メーカーによるIoT-Engineの実現

IoT-Engine関連製品：イマジネーションテクノロジーズ株式会社

MIPSハードウェア仮想化機能を実装し、IoT-Engineに高度なセキュリティを提供

　イマジネーションテクノロジーズ（以下イマジネーション）は3D Graphic IPで世界No.1のシェアを持つIPサプライヤーである。また、CPUコアでは、米国MIPS Technologies社を買収し、MIPSプロセッサの開発及びライセンスを行っており、プロセッサIPにおいても世界第2位のシェアを持っている。

　イマジネーションはネットワーク機器に必須とされるセキュリティを強化する機能を各IPに実装することに取り組んでおり、システム全体のセキュリティを実現するOmniShieldとよばれるソリューションを推進している。

表1　MIPS IoT-Engine 仕様

CPU	MIPS M5150 Mシリーズコア
クロック周波数	最大200MHz（330DMIPS）
キャッシュメモリ	命令：16KB、データ：4KB
浮動小数点ユニット（FPU）	有り：単精度／倍精度
メモリマネジメントユニット（MMU）	有り
microMIPS命令	有り（約35%コードサイズ縮小可）
DSP命令	有り 　64bit x 4 Accumulator 　1 clock cycle MAC、飽和、fraction 　IEEE754互換
ハードウェア仮想化機能	有り（最大7ゲスト）
ROM	512KB
RAM	128KB
周辺回路	12bit ADC USB 2.0 HS, On-the-go（OTG） DMA x 8ch UART, SPI, PWM, その他
デバッグインタフェース	JTAG, ICSP
開発環境	Imagination Codescape SDK Microchip MPLAB その他

MIPS M5150コアは、MCUクラスでもこの高度なシステムセキュリティシステムに対応しており、この高度なセキュリティシステムに対応したIoT-Engineを開発した。

MIPS IoT-Engine構成

MIPS IoT-EngineにはMCUにマイクロチップ社のPIC32MZ EFを使用している。このMCUにはMIPS M5150 CPUコアが使われており、最大動作クロック200MHzで、MCUとしてはかなり高性能である。このコアは、命令／データキャッシュ、メモリマネジメント機構、浮動小数点ユニット（FPU）

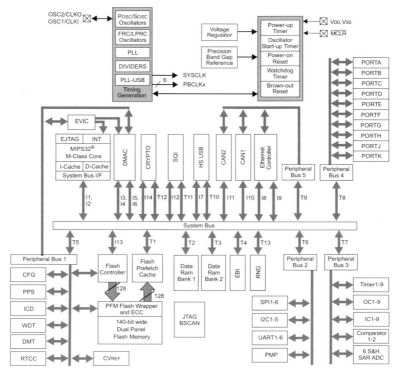

図1　PIC32MZ EF ブロック図

を装備しており、T-Kernelをはじめ、さまざまなプログラムを動作させるに十分な機能、性能を有している。最大の特長はハードウェアによる仮想化（Hardware Virtualization）機能を実装していることである。

MIPS IoT-Engineの仕様を表1に、ブロック図を図1に示す。

IoTの高度なセキュリティ要求

常時ネットワークに接続されるIoT機器では、より高度なセキュリティ対策が必要になる。たとえば、生体情報を取得する医療関連のアプリケーションや課金を伴うアプリケーションでは格段に高いセキュリティが求められることになる。一方、アプリケーションによってはそれほど高度なセキュリティは必要ない場合もあるなど、要求されるセキュリティレベルも異なってくる。さらに、ネットワークに接続された機器ではアプリケーションやOSの更新はネットワーク経由で実施されることが一般的で、更新プログラムをダウンロードし、インストールする場合のセキュリティ対応も重要となる。

仮想化によるセキュリティ対応

仮想化（Virtualization）機能は、一つのCPUを仮想的に複数のCPUとして分離し、プログラムを実行できる機能である。この機能により、さまざまなセキュリティ要求に対応可能となる。M5150では、最大七つまでソフトウェア相互間を分離、隔離して実行でき、いずれかのソフトウェアに不正動作が仕掛けられても、他のソフトウェアに影響を与えないようになっている。これにより、個人情報や課金処理など、サイバーアタックの予想される処理を安全にIoT機器に組み込むことができる。

仮想化機能はハードウェア機構がないCPUではソフトウェアで実現されるが、実行時のオーバーヘッドが50％以上にもなることがあり、大きく実行効率が下がる。また、アプリケーションやOSの修正も必要となるため、開発に多くの時間とリソースを必要とする。

しかし、MIPS M5150コアは、仮想化をハードウェアで実現しており、オーバーヘッドが少なく、高効率な仮想化を実現できる。さらに、仮想CPU上の

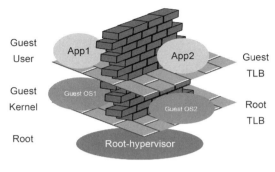

図2 仮想システムの構成

プログラムからはネイティブなCPUとまったく同じに見えるため、仮想化のないプログラムやOSからの変更の必要がない。したがって、セキュアなシステムの構築が短時間で容易に可能である。また、ハードウェア仮想化機能により、実行時のオーバーヘッドも1%以下に抑えることが可能で、効率の良いシステムとなる（図2）。

耐タンパ機能も搭載

　M5150 CPUコアでは、処理時間の変化、消費電力の変化、輻射電磁波などを観測してハッキングを行うことを防ぐ、耐タンパ機能も実装している。この機能は、内部に持つ乱数生成器を使用し、ランダムにCPUの実行パイプラインにストールを入れる機能である。同一の処理であっても異なったタイミングで動作するようになるため、電流や磁界の変化でプログラムの動作の特徴を見いだすことを防ぐことができる。この機能を使うことにより、外部からの観測でハッキングすることを防止できる。

　さらに、コア内部のキャッシュとメモリのアドレスをスクランブル化する機能も実装されており、メモリやキャッシュの内容を解析することを困難にしている。

　このように、MIPS IoT-Engineは、今後のサイバーアタックに対抗するセキュリティシステム機能を基本機能として実装しており、IoT時代にふさわしい製品となっている。

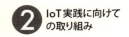 IoT実践に向けて の取り組み

IoT-Engineへの対応と期待

　IoT-Engineはアーキテクチャにとらわれないオープンな標準であるが、イマジネーションでは、強力なセキュリティ機能を実装したMIPSコアによって、サイバーアタック時代にも使える、より効率的な開発環境と実行環境を備えるIoT-Engineの提供を行い、TRONおよびIoT-Engineの普及に協力していく所存である。

IoT-Engine関連製品：STマイクロエレクトロニクス株式会社

IoT-Engineにバッテリーライフを飛躍的に向上させる低消費電力マイコン
～IoT機器の急速な普及に貢献～

　世界的な総合半導体メーカーのSTマイクロエレクトロニクス（以下ST）。全世界に11ヶ所の主要工場を擁し、従業員数は約43,000名にのぼる。戦略的注力分野の一つは、IoT（Internet of Things）だ。今回、トロンフォーラムが主導するIoT機器に向けた組込みプラットフォーム「IoT-Engine」のプロジェクトに参加することを表明した。

消費電力と性能の最適化がカギ

　STは、「IoT-Engine」のプロジェクトにおいて、わずか84uA/MHzの消費電流でバッテリーライフを飛躍的に向上させる、ARM® Cortex®-M4プロセッサ搭載の32bitマイクロコントローラ「STM32L4」を提供する。これまで開発者にとって課題であった電力消費量に対する懸念を払拭すると同時に、高い性能を実現したことで、IoT機器の電力と性能の最適化を狙う。

　STM32L4は最大80MHzの動作周波数、100DMIPSの処理能力を特徴とするほか、ハードウェアによる暗号機能のサポート、豊富なペリフェラルブロックを内蔵し、多様化するIoT市場の要求に柔軟に対応可能だ。また、STM32

図1　STM32L4 動作モード別 消費電流

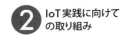

2 IoT実践に向けての取り組み

ファミリー内の製品とのピン配置の互換性を持っており、開発過程において最適なデバイスへの置き換えを容易にする。

充実した製品ポートフォリオと10年間の供給保証で製品開発をサポート

　IoTは、非常に多岐にわたるマーケットとアプリケーションを縦横に包括したコンセプトである。当社は、マイコン、センサー、通信用IC、電力制御用ICなど、業界でも有数の製品ポートフォリオ

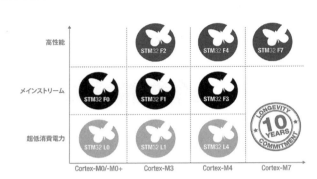

図2　STM32ファミリー　製品ポートフォリオ

を持っており、STの強みを発揮できる領域だと考えている。特に、32bitマイコンのSTM32ファミリーは、Cortex-Mプロセッサの全シリーズM0/M0+/M3/M4/M7をラインアップ。高性能／メインストリーム／低消費電力の製品シリーズで分けられ、その品種数は約700種におよぶ。そのため、「IoT-Engine」で試作開発を行った開発者が、実製品に落とし込む際に、細かな仕様に応じた製品選択が可能になる。また、STM32ファミリーの全製品に対して10年間の供給を保証しており、長期にわたって顧客をサポートできる。

　STは、「IoT-Engine」が市場要求をサポートする上で非常に効果的なアプローチであると考えており、STM32L4の提供を通じて、高性能かつ低消費電力なIoT機器の急速な普及に積極的に貢献していく。

IoT-Engine関連製品：NXPジャパン株式会社

NXPのIoT-Engineに対する取り組み
～強みのセキュリティ技術で差別化を図る～

　NXP Semiconductors N.V.とFreescale Semiconductor Inc.との経営統合により2015年12月に誕生した新生NXPは、"Secure Connections for a Smarter World"（よりスマートな世界を実現するセキュア・コネクション）を提唱している（図1）。

　NXPのソリューションを活用することで、IoTはIoT with Security（IoTS）に進化していく。マイコン製品ではKinetisとLPC製品を合わせて1,100品種を超える業界最大級のラインナップ（図2）を誇り、最新のK8xシリーズはSecure MCUとして、IoT-Engineへの応用が期待される（図3）。

　K8xシリーズにおけるセキュリティ機能は、「Trust」「Crypto」「Anti-Tamper」の3つの柱で構成されている（図4）。「Trust」とは、エンベデッド・アプリケーションが改ざんされることなく実行されていることを担保することで、オンチップ・フラッシュメモリの読み出し、書き込み保護や、デバッグポートの保護、ユニークIDによる認証機能により実現している。

　「Crypto」とは暗号技術によるデータの保護を指す。パフォーマンスとデー

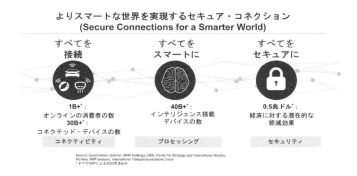

図1　技術トレンドの加速により、NXPの成長機会を牽引

2 IoT実践に向けての取り組み

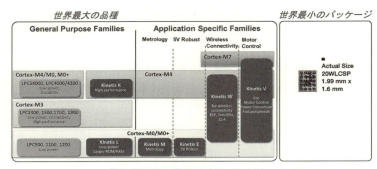

図2 NXPのマイクロコントローラ・ソリューション

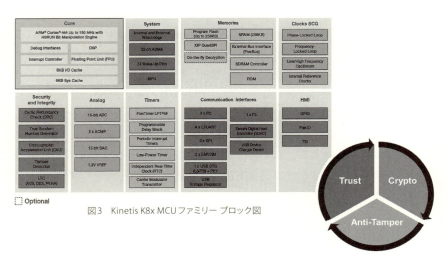

図3 Kinetis K8x MCUファミリー ブロック図

図4 Kinetis K8x MCUファミリー 三つのセキュリティ機能

タの保護を両立させるため、On-The-Flyのハードウェア暗号処理機能を搭載している。

「Anti-Tamper」とは、装置に対する物理的、環境的な攻撃を検出し、攻撃を受けた場合には秘匿データを消去することでセキュリティを担保する仕組みである。NXPは、IoT-Engineによる標準化のメリットと各種認証技術、NFC技術など自社のセキュリティ技術による差別化により、安全なIoTの普及を牽引していく。

> IoT-Engine関連製品:ルネサス エレクトロニクス株式会社

IoT(Internet of Things)への期待とIoT-Engineへの取り組み

MCUのリーディングカンパニー

　汎用MCU、車載MCUなどで世界を牽引する半導体企業であるルネサス エレクトロニクス(以下、ルネサス)は、MCUを中核にアナログ&パワーを含めたソリューションで自動車・家電・産業・OA/ICTなどの分野へ展開し、お客様の安心・安全・快適な社会の実現に貢献している。

IoT(Internet of Things)への期待

　モノやコトのデジタル化により新しい価値が生まれるIoT市場の本格的な到来に期待が集まっている。ルネサスはこのIoT市場に向け、"自律"というキーワードでさまざまなソリューションを投入している。"自律"とは、IoTの階層構造におけるエッジデバイス(組込み機器)がそれぞれ"自律"し、機器がそれぞれの意思で判断し、意味あるデータに加工しクラウドに送ることだ。この実現の基盤となる特長のある製品群の提供を開始している。

IoT-Engineへの取り組み

　ルネサスは、トロンフォーラムが推進するOpen IoT Platform、IoT-Engineプロジェクトに参画している。IoT市場はさまざまな分野にまたがるが、すべてのIoTがそれぞれに特化した開発を行うと開発費の増大を招いてしまう。早期市場投入に向けた開発時間短縮といった課題がある。このような状況を打破するために、IoT-Engineのような標準プラットフォームが必須であり、これに積極的に取り組んでいく。

2 IoT実践に向けての取り組み

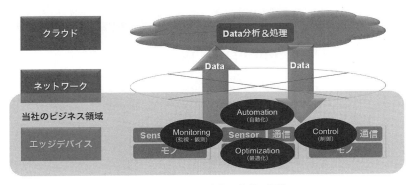

図1　IoT階層構造と当社のビジネス領域

　ルネサスは、IoT-Engineをさまざまなお客様へ提供することにより、IoT市場がさらに活性化し、皆様の快適な暮らしをサポートできると考えている。

IoTに最適なMCU RX231

　IoTに必要な機能・性能をすべて搭載したRX231にIoT-Engineを搭載した。このMCUは、IoTに適した三つの機能を有している。

　一つ目は、高い電力効率を有し、消費電力と処理性能を両立していることだ。従来製品の2～4倍の電力効率を実現し、これにより、フィルタリング処理や意味あるデータへの加工が低消費電力でかつ短時間で行うことが可能となっている。

　二つ目に豊富な通信を有していることだ。無線モジュールや機器への通信に柔軟に対応可能である。

　最後に高度なセキュリティを有していることだ。IoTによりインターネットにつながることで不正なアクセスによるデータの改ざんや機器の乗っ取りなどの懸念があるが、RX231はトラステッドIPという強固な鍵管理を行うハードウェア機構を搭載しており、暗号通信、セキュアアップデートといったセキュリティ機能をサポートしている。

半導体メーカーによるIoT-Engineの実現

　ルネサスは、安心・安全そして快適な社会を構築するため、IoT-Engineを提供していく。今後、新しい価値を生み出すモノを、RX231を搭載したエッジデバイス（組込み機器）で実現していきたい。

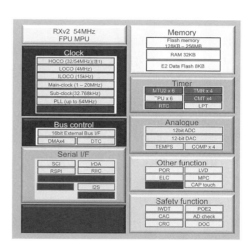

図2　IoT-Engine（IoTの実現に向けて）

・**32ビットマイコンRX231**は
①電力効率、②コネクティビティ、③強固なセキュリティ
の特長により**エッジデバイスのニーズに対応します。**

①優れた電力効率	・電力効率従来製品比2倍 ・DSP FPU対応RXv2コア ・低消費電力0.12mA/MHz、0.8μA
②多様なコネクティビティ	・WiFiモジュールとのI/F SDHI接続 ・有線USB/CAN接続
③強固なセキュリティ	・トラステッドセキュアIP

図3　IoTエッジデバイスのニーズを満たすRX231

2 IoT実践に向けての取り組み

> IoT-Engine関連製品:
> 株式会社東芝 ストレージ＆デバイスソリューション社／東芝マイクロエレクトロニクス株式会社

東芝マイコンの
IoT-Engineへの取り組み

　東芝は、国内半導体ベンダーでいち早くARM Cortex-M3コアやCortex-M4を内蔵した汎用マイコン製品を発表するなど、特に国内マイコン市場においてARMコア搭載マイコンの普及に大きなインパクトを与えてきた。2016年も新しいマイコンファミリー立ち上げを発表している。

　東芝マイコンは、高度なアナログ技術に加えストレージ、通信など高機能IPを組み合わせることにより、さまざまなアプリケーションに向けた組込みソリューションを提供している。

　IoT機器へのソリューションとしては、半導体ベンダーとしてインフラからエンドポイント、そして従来より注力しているモーター制御技術によるアプリケーション機器開発に対するシステム提案を考えている。

　その中で、まずはクラウドサービスと直結するためのモジュールとして、2種類のIoT-Engineモジュールを開発した。いずれも920MHz帯省電力無線モジュールを接続できるコネクタを備えているため、機器とサービスとをつなぐ近道としてすぐにご利用いただけるラインアップとなっている。

1. 豊富な通信機能を搭載

　開発環境が豊富に整ったARM Cortex-M3コアを搭載し、高速12bitADコンバータを内蔵したTMPM367FDFG実装モジュールを開発した。

　USBやSPIなどのシリアル通信IPを豊富に内蔵しており、PWMによるモーター機器などの制御も行える。このため、スタンダードな機器から複雑な制御まで行えるさまざまなアプリケーションの応用に適用できるモジュールとなっている。

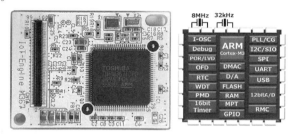

2. セキュアな通信システムに適したモジュール

　ARMのDSPライブラリが利用可能なARM Cortex-M4Fコアを搭載し、セキュリティエンジンも搭載したTMPM46BF10FG実装モジュールを開発した。

　最大120MHzで動作し、内蔵フラッシュは1MBと大規模アプリケーションにも対応できる。さらに、SLC NANDコントローラも搭載していることから、クラウドサービスとの通信エラー時でも安心な一時的バッファ領域として使うこともできる。

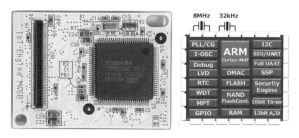

※ARM、CortexおよびThumbはARM LimitedのEUおよびその他の国における商標もしくは登録商標です。

2 IoT実践に向けての取り組み

ソフトウェアメーカーによるIoT-Engineサポート

IoT-Engine関連製品：ユーシーテクノロジ株式会社

IoT-Engineの無線アクセス機能と UCT 6LoWPANプロトコルスタック

　これまでの組込みシステムでは、付加価値として次々と機能を追加し、機器を単体として高度化していくことで魅力的な製品が作られてきた。しかし、複数の機器やクラウドとの連携によって、より高度なシステムを目指すIoT（Internet of Things）の考えに注目が集まってきた。さまざまなIoT応用製品が発表されるなど、今その潮目が変わろうとしている。

　IoT-Engineを一言で表現するならば、IoT時代の組込み機器のための標準プラットフォームだ。2002年に始められたT-Engineでは標準化されなかった無線通信機能とクラウド連携機能を搭載し、逆にそれ以外の機能はコネクタとして外部化した。この思い切った設計方針がIoT-Engineの特質だ。コンピュータシステムの進化は、ハードウェア的な進化と、それを引き出すためのソフトウェアの進化の両方によってもたらされるものである。IoTにおいてはクラウド側のソフトウェアにより重点が置かれる。またエッジノードには、無線通信機能、省電力、デバイス制御インタフェースなど、その力を引き出すためのソフトウェアシステムが必要となる。この両輪が整うことによって、最大限の機能を発揮するIoTのシステムが完成すると言って良い。

　本稿では、ユーシーテクノロジが提供するIoT-Engineに搭載する920MHz小電力無線モジュールおよびプロトコルスタックを中心に紹介する。

IoT-Engineのための「UCT 6LoWPAN」

　ユーシーテクノロジでは、以前よりIoTのための「部品」として、920MHz帯無線モジュール上で6LoWPANに基づく省電力無線通信を実現する「UCT

6LoWPAN開発キット」(図1)を提供している。構成物としては以下が含まれており、IoT機器を実現するための統合的なパッケージとなっている。

- 無線ノード(無線モジュール・開発基盤)×4
- UCT 6LoWPANボーダールーター
- UCT μT-Kernel 2.0
- 6LoWPANプロトコルスタック(ライブラリ提供)
- 6LoWPANパケットスニッファ

このキットは、インターネットの次世代標準プロトコルであるIPv6にもとづく通信を920MHz帯の省電力無線通信上で等価的に実現できるように設計されている。そのためのメカニズムとして6LoWPANボーダールーター上にプロトコル変換機能を実装している。その中でも特に重要なのが、CoAP/HTTP変換機能である(図2)。これは、ウェブ上の標準プロトコルである

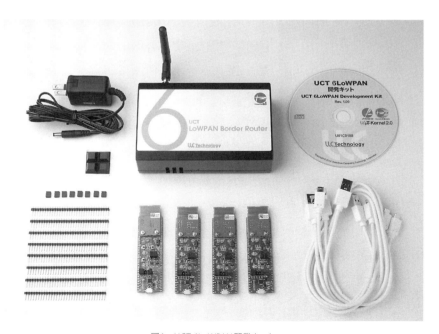

図1　UCT 6LoWPAN開発キット

2 IoT実践に向けての取り組み

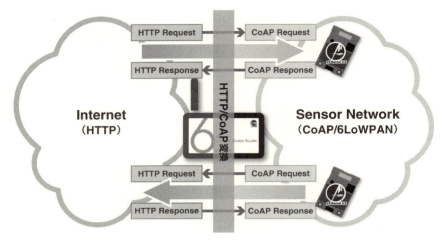

図2　CoAP/HTTP変換

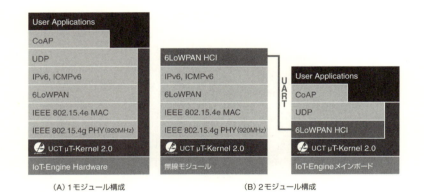

(A) 1モジュール構成　　(B) 2モジュール構成

図3　UCT 6LoWPAN for IoT-Engineの構成

　HTTPとUDP/6LoWPAN通信上でRESTに基づく通信を実現するためのプロトコル、CoAP（Constrained Application Protocol）とを相互に変換する機能である。この機能によって、省電力無線ネットワーク上のIoT機器をインターネット上のウェブサービスやクライアントと同じように見せることができる。すなわち、クラウドとIoT機器を密に連携させることが可能となるわ

けである。

これらの技術をIoT-Engineで活用できるようにしたパッケージが、「UCT 6LoWPAN開発キット for IoT-Engine」である。IoT-Engineが許容するハードウェアの構成に合わせ、以下の2つの構成をサポートしている。

(A) 1モジュール構成（IoT-Engine本体のCPUで6LoWPAN通信を実現）ワンチップ構成
(B) 2モジュール構成（IoT-Engine本体に6LoWPANモジュールをコネクタ接続）

図4　2モジュール構成のIoT-Engine

(A)、(B)それぞれに対するシステム構成を図3に示す。1モジュール構成についてはこれまでの6LoWPAN開発キットと同等の構成であるが、2モジュール構成では、6LoWPAN HCI（Host-Controller Interface）というシリアル通信ライブラリを提供することで、無線モジュール側に実装されたUCT 6LoWPANの機能をIoT-EngineのメインCPUから利用できるようになっている。UDPより上位のAPIについては、両構成でインタフェースが一致するように作られており、IoT-Engineのハードウェア構成について区別なく、アプリケーションシステムを構築することができるように設計されている。

クラウドまでのセキュアな通信路を実現

IoTを実用化するうえで、無線接続されるIoT機器とクラウド間のセキュリティが課題となる。UCT 6LoWPAN開発キット for IoT-Engineでは、2つのセキュリティ機能を導入することでクラウドまでの完全なセキュアな通信路を実現している（図5）。

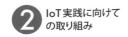
IoT実践に向けての取り組み

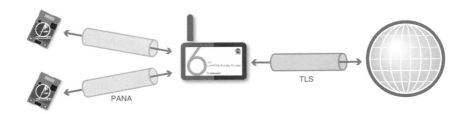

図5　UCT 6LoWPANにおけるセキュリティ

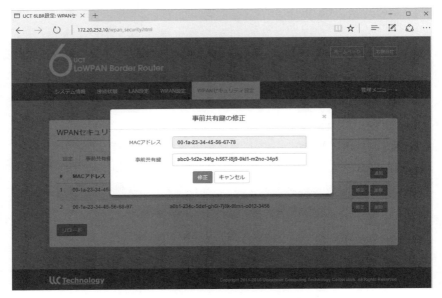

図6　PANAにおける事前共有鍵（PSK）の設定画面

- PANA（Protocol for carrying Authentication for Network Access）
- TLS（Transport Layer Security）

　PANAを平たく表現するならば、UDP上でEAP（Extensible Authentication Protocol）に基づく認証・暗号化セッションを実現するためのプロトコルである。無線LANにおいてもWPA2-EAPとよばれるIEEE 802.11xのEAPに基

づく認証方式が用意されているが、それに対応するものをUCT 6LoWPANに実装したものが前者のPANAの機能である。本機能によって、無線PAN（personal area network）側の通信が保護される。

　一方、インターネット側の通信を保護するための仕組みとして、UCT 6LoWPANボーダールーターではTLSトンネリング機能を提供しており、ウェブサービスとそのまま接続可能な形でのセキュリティを実現する。IoT機器側にTLSを実装する代わりにボーダールーターでトンネリングを実現することで、IoT機器側に大量のリソースを要求することなく、システム全体としてのセキュリティを実現できる。

　PANAやTLSトンネリングに関する設定はウェブ設定画面から簡単に行うことができるようになっている。画面例を図6に示す。

今後の展望

　ユーシーテクノロジはIoTに関するソフトウェアを、デバイスレベルから応用まで含め数多く進めており、トロンフォーラムと協調しながら今後もIoT-Engine向けの技術を提供していく。

IoT-Engine関連製品：パーソナルメディア株式会社

IoT-Engineをサポートする製品展開

　IoT-Engineプロジェクトが始動した。本プロジェクトでは、IoTが今後社会に与えるメリットを最大化するべく、クラウドと連携したアグリゲート・コンピューティングのアーキテクチャを提唱するとともに、ハードウェアモジュールのピンコネクタやリアルタイムOSのAPIなどのI/F仕様の標準化を行い、相互運用性や開発効率の向上を目指している。

　パーソナルメディアでは、これまでに築いてきたリアルタイムOS「PMC T-Kernel」やそのデバイスドライバ、ミドルウェア、ネットワーク用アプリケーションの開発実績をベースに、IoT-Engineに関するソフトウェアについても積極的な技術開発を進め、関連製品の販売を広げていく。

「IoT-Engine開発キット」

　ワンストップですぐにソフトウェアの開発評価が始められる、開発評価用のパッケージ製品である。IoT-Engineボード（モジュール）、通信モジュール、入出力I/F用ベースボードなどのハードウェアと、リアルタイムOS（μT-Kernel 2.0）、デバイスドライバ、ミドルウェア、開発環境、技術サポートが含まれている。各社のIoT-Engineに対応したものを商品化していく。

多様なデバイスドライバとミドルウェア

　T-KernelやμT-Kernelで動作していたシリアル（UART）、SDカード、USBなどの汎用的なデバイスドライバに加えて、IoT-Engineの用途に適した各種のセンサーやアクチュエータなどのデバイスドライバを提供する。

　IoT-Engineのハードウェア本体は、物理的な組込みが容易なモジュール状の小型基板（30×37mm）であり、入出力を直接行うための端子などは

持っていない。IoT-Engineからの入出力は、100ピンの標準コネクタで接続された入出力I/F用のベースボードなどを経由して動作する。したがって、IoT-Engineのセンサーやアクチュエータに対するデバイスドライバも、このベースボード上の入出力端子やセンサー、スイッチ、LEDなどに対するドライバとなる。パーソナルメディアでは、これらのデバイスドライバを、IoT-Engine開発キットに含めて提供する。

また、Arduino用の豊富な周辺装置を活用できるように、IoT-Engineおよびベースボードには Arduino 互換 I/F を備えているので、このためのデバイスドライバ（Arduino I/F ドライバ）も提供する。Arduino I/F ドライバでは、Arduino I/F の各端子のデジタル入力（割込みを含む）、デジタル出力、PWM出力、アナログ入力の制御が可能である。Arduino I/F ドライバのAPIを表1に示す。

このほか、汎用性の高いセミオーダーメイド型のIoTシステムとして、「PMCセミカスタム IoT」を提供している。この中で利用する多種多様な入出力デバイスに対応するデバイスドライバを「IoTデバイスライブラリ」とよんでいるが、これらのドライバについてもIoT-Engine用のデバイスドライバの一部として活用していく。

一方、IoT-EngineプロジェクトのIoT（Internet of Things）という名称からも示されるように、IoT-Engineにおいては、通信の機能が極めて重要な役割を持つ。PCやスマートフォンなどの機器がインターネットと通信する際にはTCP/IPを用いるが、IoT-Engineの場合は無線通信が前提であり、CPUやメモリなどのリソース制約も厳しいため、より軽量化されたプロトコルである6LoWPAN（IPv6 over Low-Power Wireless Personal Area Network）を使う。また、クラウド上に置かれた制御用アプリケーショ

表1 IoT-Engine開発キットのArduino I/FドライバのAPI

arduino_init( )	Arduino I/F ドライバの初期化
arduino_set_pin( )	ピンのモード設定
arduino_digital_in( )	デジタル入力
arduino_set_int( )	デジタル入力の割込み設定
arduino_ena_int( )	デジタル入力の割込み許可
arduino_dis_int( )	デジタル入力の割込み禁止
arduino_digital_out( )	デジタル出力
arduino_pwm_out( )	PWM出力
arduino_analog_in( )	アナログ入力

2 IoT実践に向けての取り組み

ンなどとの通信に使用する上位層のプロトコルとしては、ウェブで多用されているhttpを組み込み機器向けに軽量化したCoAP（Constrained Application Protocol）を使う。したがって、IoT-Engineでは、6LoWPANやCoAPを扱うためのプロトコルスタックやミドルウェアも合わせて提供する。

アグリゲート・コンピューティング・モデルに基づくIoT-Engineの本来の運用形態においては、IoT-Engineを搭載した組込み機器が6LoWPANなどの無線通信を通じてクラウドと直結しており、複雑な情報処理はもちろん、情報の保存、蓄積や他の機器との通信についても、すべてクラウド側で処理される。そうなると、従来の組込み機器で用いられていた有線LANとTCP/IPによるネットワーク通信機能や、ローカルなメディア（SDカード、USBメモリ、フラッシュROMなど）を対象としたファイルシステム管理機能は、IoT-Engine側には必要なくなってしまう。しかしながら、現実にはネットワークのつながらない場合が起こり得るし、従来機器からの移行の途中段階においては、純粋なアグリゲート・コンピューティング・モデルを実現できない場合もあるだろう。そのようなケースにおいては、有線LANによる通信やファイルシステムといった"従来型の"機能についても需要が生じると考えられる。そのため、これらを実現するミドルウェアについても、必要に応じて提供していく。

また、入出力I/Fを持ったベースボードとIoT-Engineを組み合わせることにより、通常の組込み制御ボードと同じものが実現できる。このため、組込み機器の新規開発や従来の組込み機器の更新を行う際に、その制御用ボードとしてIoT-Engineを利用することも可能であり、すでに具体的な案件でそのような検討を行った例も出ている。IoT-Engine上では、従来の機器と同様にμT-Kernelなどのリアルタイム OSが動作するため、従来のソフトウェア資産を流用して開発効率を高めることができる。この場合にも、パーソナルメディアから提供するネットワーク通信機能やファイルシステム管理機能などの"従来型の"ミドルウェアや、各種のデバイスドライバが役立つ。

スマートGUIサーバ

　IoT-Engineのメリットを最大限に活用するアプリケーションとして、パーソナルメディアが提供している「スマートGUIサーバ」がある。これは、スマートフォンのブラウザ画面を使って組込み機器の操作をするソフトウェアであり、HTML5などの汎用的な技術を使ってGUI（Graphical User Interface）を記述できる（図1）。

　スマートGUIサーバのシステム構成には、「機器／サーバ統合型」と「機器／サーバ独立型」の2種類がある。このうち、制御対象となる組込み機器側がGUIサーバ機能を含まない「機器／サーバ独立型」のシステムでは、IoT-Engineを使ったアグリゲート・コンピューティング・モデルに近いコンセプトを当初から実現している。すなわち、組込み機器側を徹底的に軽量化した上でクラウドサーバと直結し、複雑な情報処理や操作画面（GUI）はクラウド側に移すという点で、両者のコンセプトは共通である。IoT-Engineは、スマートGUIサーバの制御対象機器側のコントローラとして最適なハードウェアであり、IoT-EngineとスマートGUIサーバの親和性は高い。IoT-Engineを利用

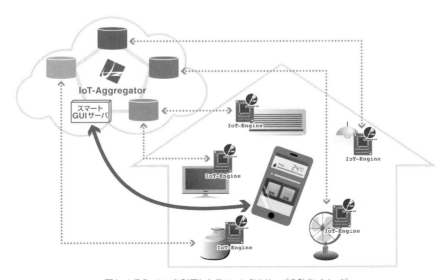

図1　IoT-Engineを利用したスマートGUIサーバの動作イメージ

2 IoT実践に向けての取り組み

したスマートGUIサーバのシステム構成例を図2に示す。

さらに、スマートGUIサーバのサーバ側のソフトウェアを、IoT-Aggregator上で構築することにより、原理的には、第三者の開発、製造した他の組込み機器との連携動作も可能になる。このような連携動作により、スマートフォンのGUI画面で特定の組込み機器を操作するのみならず、相互に影響の関連する別の機器同士が自動的、自律的に制御し合うような機能も実現できる。

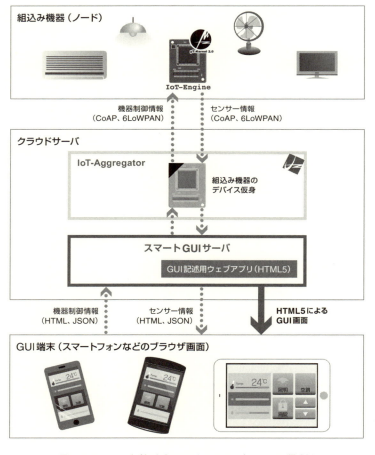

図2　IoT-Engineを利用したスマートGUIサーバのシステム構成例

IoT-Engineを搭載した組込み機器では、それぞれの物理的な機器に対応して、クラウドサーバ上でそれを制御するための仮想的な「デバイス仮身」が存在する。IoT-Aggregatorにおいて機器を制御するには、それぞれの物理的な機器（「デバイス実身」とよばれる）に直接アクセスするのではなく、それぞれの機器に対するクラウドサーバ上のエージェントである「デバイス仮身」にアクセスし、これを制御する。したがって、スマートGUIサーバからも、このデバイス仮身を通じて組込み機器を制御する。スマートGUIサーバから、第三者の製造した他の組込み機器に対応するデバイス仮身にアクセスすれば、それらの機器との連携動作も実現できる。

たとえば、スマートフォンの画面によるリモコン操作で、部屋の照明を明るくしたとする。ここで、IoT-Aggregator上のスマートGUIサーバが、部屋の照明を明るくしたという情報をテレビのデバイス仮身に伝えるようにすれば、テレビ側ではテレビ画面の輝度を自動的に上げて、明るい部屋でも見やすくするなどの連携動作を工夫することが考えられる。

スマートGUIサーバは、IoT-Aggregatorとの連携動作を行うことによって、さらに応用範囲が拡がる可能性を秘めており、今後、そのための技術開発を進めていく。

今後の展開

パーソナルメディアでは、IoT-Engineの豊かな可能性をできる限り引き出せるように、技術力を活かした商品開発を進め、今後のよりよいIoT社会の実現に貢献していく所存である。そのためには、前述のような技術開発やソフトウェアの販売に加えて、IoT-Engineに関する技術解説書や教育用の教材などについても、幅広く提供していきたいと考えている。

IoT時代のマイコン

　トロンフォーラムは、TRONプロジェクトの推進母体である国際的なNPOである。トロンフォーラム内のIoTワーキンググループ(WG)と、トロンフォーラム会員企業のIoTに関する取り組みを紹介する。

IoTワーキンググループの紹介

　IoT(Internet of Things)について検討を行うIoT WGがトロンフォーラム内に2015年に立ち上がった。IoT WGでは、(1)ノード(ucodeNFCタグ、ucode BLEマーカー、IoTアプライアンス)、(2)ユーザインタフェース(スマートフォンなど)、(3)クラウド(サーバ技術、ビッグデータ、オープンデータ)の三つの技術領域について検討を行っている。

IoTとTXZファミリーの展開

玉野井 豊（東芝マイクロエレクトロニクス株式会社
　　　　　　ミックスシグナルコントローラ統括部 統括部長）

　IoTの時代は、すべての機器がインターネットにつながることが重要である。組込みマイコンに求められることは、(1)通信、(2)セキュリティ、(3)センシング、(4)ローパワー、(5)実装における小型化・軽量化の五つである。

　すべてのモノがインターネットにつながるということは、マイコンだけがローパワー化すればよいという訳ではなく、組込み機器全体がローパワー化する必要がある。

　たとえば、我々が考える現在の自動水栓は電源なしで10年間稼働する。これは、水を流す際の水流を活かして水車を回し、水車によって発電された電力をコンデンサに蓄電することで実現されている。デジタル回路のみならず、アナログ回路までにも着目し、徹底的に見直すことで、水車の発電のみで10年間稼働させることを実現している。このような知見がTXZファミリーのマイコンではすでに適用済みである。

世界No1の低消費電力エナジーハーベスティングチップ

古江 勝利（サイプレスセミコンダクタ プログラマブルシステムディビジョン
　　　　　MCUビジネスユニット担当部長）

　IoTではエッジノードがネットワーク接続されることが前提となっている。Wi-Fiや3G、LTEなどは消費電力が高いため、バッテリーが持たない。そのためサイプレスでは、世界で最も低電力で、さらに電源を引かなくても動作するエナジーハーベスティングを行うチップを提供している。また、PSoC（Programmable System On Chip）によるフレキシブルなソリューションを提供している。このPSoCは、ARMをベースとしたCPUと任意のロジックをGUIによってドラッグアンドドロップで接続できる。PSoCでシステムを構成した場合、リモートからハードウェアを更新することも可能となるため、メンテナンス性が飛躍的に向上する。

2 IoT実践に向けての取り組み

IoTを支えるARM Cortex-M7対応 µT-Kernelソリューション

飯田 康志（株式会社富士通コンピュータテクノロジーズ
　　　　　組込みシステム技術統括部 第一ファームウェア技術部）

　富士通コンピュータテクノロジーズでは、IoT時代のソフトウェアプラットフォームとして、Cortex-M7にµT-Kernelを移植したソリューションを提供している。

　多数のデバイスに対応するために、デバイスがTCP/IPで接続できること、IPv6で接続できることが必須となっているが、可能な限り外付けメモリを利用しないでワンチップで実現したいという要求がある。これに応えるため、TCP/IPのプロトコルスタックもROM 2KB、RAM 3KBからという世界最小クラスの実装を提供している。

　µT-KernelとCortex-Mシリーズは、ゲートウェイ装置やエッジコンピューティングを行うIoTデバイスの開発を効率よく、ハードウェアコストを低減して実現できるIoT機器開発に最適な組み合わせである。

IoTに対応したクラウドサービス

公野 昇（日本マイクロソフト株式会社
　　　　マイクロソフトリサーチアウトリーチ マネージャ）

　Microsoft AzureのIoT関連サービスとして、デバイス、コネクティビティ、ストレージ、分析、可視化・アクションそれぞれについて、マイクロソフトはさまざまなサービスを展開している。特にIoT関連で有用なサービスは、Azure上でスケーラブルなイベントの受信／送信を行うEvent Hubs、Azure上でストリームデータのリアルタイム処理を行うStream Analytics、デバイスデータを可視化・分析できるBusiness Intelligence、SaaS型サービスのPower BI Dashboardである。このようなサービスを組み合わせることで、デバイスのデータを収集することから可視化・管理までをMicrosoft Azure上で実現できる。

　さらに、Microsoft Researchにて研究されている機械学習をWeb APIで簡単に利用できるAzure Machine Learningが提供されていて、デバイスのデー

タを利用して未来の予測が実現できる。利用者が自身でR言語やPythonなどによって開発したモデルなども取り込みが可能である。

IoTとスマートハウス

諸隈 立志（ユーシーテクノロジ株式会社 代表取締役）

　ユーシーテクノロジでは、IoTを実現するためのデバイス、ツールの提供を行っている。低消費電力無線ネットワークプロトコルである6LoWPANによる開発キットや、IoT対応デバイスを開発するためのプラットフォームである、IoT-Engineである。

　6LoWPAN開発キットは、スマートハウスを実現するためのデバイスとして、家庭内のエアコンなどの機器と接続可能なJEM-A端子のアダプタも用意されている。また、IoT-Engineは、6LoWPAN、UDP、CoAPスタックを搭載。コネクタの標準化も行われている。IoT-Engineを搭載したT-Carとよばれるマイコンカーキットもある。自動運転を実現するためのセンサー類を搭載しており、IoTに関する技術のエッセンスを習得することが可能である。

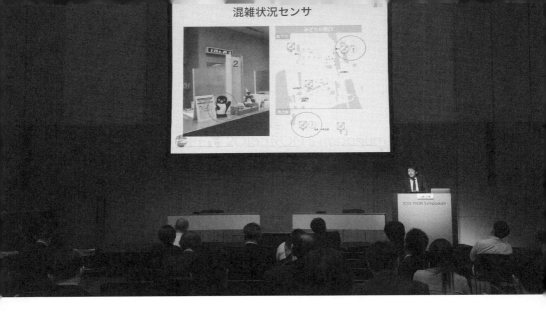

IoT時代のアプリケーション

　IoTアプリケーションとテクノロジの展開について、さまざまな産業界の新しいサービスの構築、製品やサービスの品質向上、コスト削減などに関する取り組みを紹介する。

IoTのインフラ技術＝uID

小林 真輔（元YRPユビキタス・ネットワーキング研究所 研究開発部長）

　TRONプロジェクトでは約10年前からユビキタスIDアーキテクチャを推進してきた。ユビキタスIDアーキテクチャの重要な要素であるucodeは、さまざまなタグに利用されることで人、モノ、場所を識別可能になり、それらがネットワークにつながることでIoT時代の新しいサービスを提供できると考えられている。

　YRPユビキタス・ネットワーキング研究所ではucodeの利用を進めており、たとえば食品や薬品の識別・追跡システム、場所・位置認識サービス、おも

てなしカードによるコンシェルジュサービス、RFIDトリアージタグを用いた傷病者選別システムなどさまざまな分野でIoTサービスを提案してきた。蓄積した膨大な数のデータを解析して高度なサービスを提供するために、ucR（ucode Relation）とよばれる識別子の関係性をモデリングする手法を提案している。

タギングはIoTの重要な技術

小玉 昌央（サトーホールディングス株式会社 執行役員
最高マーケティング責任者（CMO））

まず、製造現場のIoT化を進めた事例として「SATO Online Services」があげられる。クラウドを通じて世界中に展開されたプリンタを一元管理するサービスである。このサービスではプリンタの状態を監視することが可能で、不具合が発生しそうな時期を推定し、事前にユーザに伝えることができるため、物流の現場で欠かせないラベル発行業務を滞りなく行うことができる。

販売現場での応用事例として、「ID連携トラストフレームワーク」とNFCリストバンドを利用したおもてなしサービスの実証実験があげられる。銀座三越と協力して、訪日観光客に対して母国語で商品や売り場の案内を提供するサービスの実証を行った。このサービスを利用することで、利用客の嗜好や行動をリアルタイムに分析することができる。

物流の現場ではPJM RFIDテクノロジが利用されている。これは金属や液体に貼り付けられたタグ、また混載・積層状態のタグを高速高精度で一括読み取りできる技術である。

2 IoT実践に向けての取り組み

uID技術と空間情報

岩崎 秀司（株式会社パスコ 中央事業部 技術センター
インフラマネジメント部 副部長）

　uID技術を利用する理由は、空間情報サービスと親和性が高いためである。ucodeと位置座標を関連付けることでモノの位置を識別することができる。

　uIDと空間情報を活用した事例として、3次元地図を活用した歩行者ナビゲーションがあげられる。地上および地下空間の3次元モデルを整備することでシームレスなナビゲーションに利用できる。屋外ではGPSを利用し、屋内ではBLEマーカーを用いた位置特定を行う。道路の形状を含む3次元地図を用いたナビゲーションは、個人の属性に応じた情報提供を可能にする。

　他の事例としてucodeを利用したインフラ資産の効率的な管理があげられる。インフラ資産の管理は現状紙資料を用いるものが主流で、現地の状況とデータの不一致が多い。ucodeを利用することで管理対象物を一意に識別し、対象物に関する電子的なデータの情報を管理、共有することができ、業務プロセスの改善、データ精度の向上、データの蓄積、また情報共有の迅速化が実現できる。

センサーデータを集約して道路をモニタリング

村松 栄嗣（株式会社ネクスコ東日本エンジニアリング 開発部 担当部長）

　道路モニタリングシステムの目的は、高速道路の構造物の変状を感知するために設置されたセンサーの情報を効率的に収集することである。現在、変状が進んだ構造物についてはセンサーを取り付け、通信設備を用いてセンサー情報を収集する監視体制を構築しているが、通信設備の設置および維持は高コストであるため、緊急度の高い構造物に限定して導入されている。本システムの利用により、変状が進んでいるが緊急度が高くない構造物に対しても監視体制を構築することができる。

　道路モニタリングシステムは現地に設置される計測センサーと接続した送

信装置、タブレット端末、および専用リーダーから構成される。送信装置は計測センサーから得られた値を記録し、異常状態を判定し、巡回車にセンサーデータが異常状態を示したことを通知する。巡回車に配備されたタブレットで、異常状態を示した送信装置を識別すると、作業員は路肩から送信装置に記録されたセンサーデータをダウンロードする。

このシステムの導入により、現地計測回数の低減と構造物の異常の早期発見が可能になる。

IoTを活用して地域活性化

峯岸 康史(ユーシーテクノロジ株式会社 ユビキタス事業部部長)

「ココシル」は、IoTを利用したユーザの位置情報に基づいた情報を提供するスマートフォン向けサービスで、街や観光地などさまざまな施設に応用できる。ニュースの発信、多言語対応、ツアーガイド、地域の特色や観光スポット、さらには防災施設情報の提供が可能であり、2015年度には全国20か所で導入が進んだ。新機能として顔ハメAR看板を提供する。

ココシルには以下の四つの特長がある。

(1) ポータルサイトとスマホアプリの連動
(2) 地域共通のアプリ化が可能
(3) 今いる場所情報の提供
(4) 旬な情報のタイムリーな発信

さらにココシルを地域プラットフォームとして位置づけている。分野横断的なアプリを構築し、官民の情報をミックスして地域情報を発信することが重要である。今後は、通販サービスや共通パスポートの販売などを行って、地域の経済活性化につながる情報サービスの提供を図っていく。

IoT時代のセキュリティ
～機器設計者はどう構えるべきか？

セキュリティを考慮した高信頼なIoTシステムの設計を
坂村 健
コーディネータ：三好 敏（日経BP社 技術情報グループ 企画編集委員）

　坂村教授は「多くのモノがネットにつながるようになって、その時にセキュリティの脅威があったのでは不安に思う人が多い。設計者はセキュリティを考慮した高信頼なIoTシステムを設計してほしい。日本からそれを発信できたら」と開発者、設計者に向けて語っている。
　IoTならではの新しいセキュリティの課題が生まれている。課題と同時に設計者にとっては新しい仕事でもありビジネスでもある。
　本セッションでは三好氏のコーディネートのもと、IoT時代のセキュリティ問題について、各パネリストから課題と対策、また今後への期待が語られた。

IoT時代の新しいセキュリティの課題

中野 学（独立行政法人情報処理推進機構 技術本部 セキュリティセンター
　　　　情報セキュリティ技術ラボラトリー 主任）

　独立行政法人情報処理推進機構（IPA）の中野氏は、組込みシステムや情報家電、自動車などのセキュリティの専門家、ハッカーの手口も熟知している。中野氏はまず開発環境が変化していることを指摘する。

　「組込みシステムはこれまで独自プロトコルを使うことが多かったが、IoTでは汎用プロトコルを採用することも多くなる。また、オープンソースの利用が進むと、攻撃者も従来のオープンソースでの脆弱性などの知識が応用できる。PCと同様の脅威が起きる可能性がある」

　そして中野氏は、IoTのセキュリティと従来の情報セキュリティの違いに言及する。

　「家電や自動車など家庭で長期間利用する機器は、セキュリティのアップデートが難しい。また、医療機器や自動車がハッキングされると、身体や生命の危険に結びつく」

　続けて、2015年に確認された具体例を紹介した。自動車では、クライスラー・チェロキーの車載器の脆弱性が発見され、通信によりブレーキなどを遠隔操作できた（その結果140万台をリコール）。医療機器では、薬剤ライブラリを設定するサーバに脆弱性があり、改ざんが可能であることが判明。

　中野氏は現状を「IoTは攻撃者にとって、とても魅力的なものとなっている」と分析する。今後は「利用者に依存しないセキュリティの実装。開発した製品へのセキュリティテストを実施すること。攻撃者視点でのセキュリティ分析をすること」と課題と期待を語っている。

2 IoT実践に向けての取り組み

自動車や家電もセキュリティの脅威にさらされている

杉本 英樹（株式会社デンソー 基盤ハードウェア開発部
　　　　　第3ハードPF 開発室長）
三宅 英雄（株式会社ソシオネクスト マーケティング統括部
　　　　　ソリューション 事業推進部 マネージャー）

　デンソーでハードウェアを開発する杉本氏は、自動車の電子技術の特殊性を丁寧に説明する。

　「車ではセーフティの技術が昔から研究されてきて、それとセキュリティとが重なることが多かった。セーフティは、ボトムアップで、個々の技術を点と点で結んでいくことで出来上がってきたが、IoTやネットワークとなると、大きな線を引いて、その中にいろいろな技術を配置していくようなやりかたになる。こうしたトップダウンがすべての車でできるかというとやはり難しい。一方で、マイコンやSoCも自社開発の専用品ではなく標準品を使うことが多くなり、それゆえの制約も生じてくる。自動車ならではの事情である」

　なるほど、自動車は最も複雑で高度なIoT製品ということになるのかもしれない。

　ソシオネクストの三宅氏はLSIメーカーの立場からセキュリティの脅威の時代的変化を説明する。

　テレビ向けのSoCの変遷でいえば、2000年前後のデジタルTVが登場したばかりのころはスタンドアロンのシステムだった。2005年～2011年はネット接続が加わり、ここで初めてネットからの脅威が登場する。そして、2012年以降は、テレビのアーキテクチャがオープンプラットフォームになり、オープンソースの採用が進み、ソフトウェア構成要素の内部に新たな脅威が発生する。製品のスケールこそ違え、IoTも今のテレビと同じように、これから新たな脅威にさらされる、と見ている。

セキュリティ対策にも有効なHypervisor

江川 将偉（株式会社SELTECH 代表取締役社長）
阿部 道夫（イマジネーションテクノロジーズ株式会社
　　　　　ソリューションエンジニアリングマネージャー）

　坂村教授は組込み機器におけるHypervisor（ハイパーバイザー）の重要性に触れている。そのHypervisorをはじめとしたソフトウェアを開発するSELTECHの江川氏は、ユーザの現状について説明する。江川氏は、攻撃を受けたユーザからの問い合わせが最近とても増えている、と実情を明かす。

　「今、PCやモバイルのセキュリティ対策費は世界で年間80兆円以上かかっている。それだけかけても、まだウィルスが生まれるし、ハッカーの攻撃を受けるというのが現状である。IoTが出てくるとどうなるのか？　2020年頃には、IoT端末が500億個以上あると予測されている。そういうIoT製品というのは、3,000〜4,000円程度のものだが、低価格とはいってもやはりきちんとセキュリティ対策が必要だ。しかし、今のPC用やモバイル機器用のセキュリティ実装を、そのまま3,000円の物の中に組み込むことはできない。そこで、マイコンでもSSLやTLSでネットワークを守ることになるが、それらはオープンソースが多く、ハッカーに狙われやすい。ではどうするか？　CPUベンダーはハードウェアにセキュリティを入れてきている。それを利用しない手はない。そこでHypervisorが重要になる。私がイマジネーションテクノロジーズ社と組んでやっているものは、マイコンレベルでもHypervisorを支援する機能が入っている」

　続けて、イマジネーションテクノロジーズの阿部氏が、MIPSのセキュリティ対策について語る。

　「セキュリティ対策は、いくらソフトウェアを開発しても攻撃者とのいたちごっこにしかならない。ハードウェアにセキュリティを入れていく、という方針で進めている。MIPSに限らず、GPU、そして通信用のCPUでも同様である。Hypervisorを入れたハードウェア仮想化技術を、コアからハイエンドまで搭載していく」

　仮想化はマルチCPUやマルチOSを実現する技術として知られているが、

江川氏と中野氏の発言によってセキュリティ対策でも重要になる技術だということがよくわかった。

日本発のセキュリティ技術の確立を

　中野氏は「仮想化により、今まで2次元だったソフトの立ち上げかたを3次元に変えていくことで、セキュアブートに始まる何重ものセキュリティ対策が可能になった」とその意義を語る。

　この意見を受けて、三宅氏は、今のシステムLSIは、複数のソフトウェアを組み込むので、その一つ一つにセキュリティ対策を埋め込むと、開発費の負担が大きくなり過ぎる。そこで最低限の対策をするために「ぜひセキュリティ対策のガイドラインを策定してほしい」と訴える。

　中野氏も、ガイドラインを公的機関が決めるのか、それとも業界内で作るのか、どちらにせよ必要であり、この1〜2年で作るべき、と言う。阿部氏は、ファームウェアのセキュアなアップデートの手段も欲しい、と語る。

　IoTは、セキュリティにも新しい局面を生んでいる。開発者にとって非常に悩ましいセキュリティ対策だが、設計者が一段高いレベルに取り組むことで得られる収穫は相当に大きいのではないだろうか。日本発の新しい技術としての確立が望まれる。

（報告：夏目 利明）

3 IoTのためのネットワーク技術

3 IoTのためのネットワーク技術

近距離無線技術
6LoWPAN

モノのインターネット

　近年、モノのインターネット（Internet of Things：IoT）を実現できる環境が整いつつある。IoTでは、従来のパソコンや周辺機器、携帯電話、スマートフォンはもとより、一意に識別可能なデバイスであれば小型のモノも大型のモノもインターネットに接続する。

　ここで問題になるのが、小型のモノをどのようにインターネットに接続させるかだ。従来の小規模の組込みシステムがインターネットに接続できないわけではない。組込み向けのイーサネットや無線LANを利用したシステムはすでに存在する。だが、そのためにはリッチなマイクロコントローラ（Microcontroller Unit：MCU）が必要になったり、通信のためにリソースを使ってしまい資源が逼迫した状態でアプリケーションを作成しなければならなかったりする。ここでいう「小型のモノ」とは、MCUのRAM/ROMのサイズがそれぞれ数〜数10KB、数10〜数100KBのように小さく、計算処理能力も低いマイコンが組み込まれているモノ。また、バッテリーで駆動することも考えられ、低消費電力で動作することは必須だ。

　6LoWPAN（シックスローパン）（IPv6 over Low-Power Wireless Personal Area Network）は、Internet Engineering Task Force（IETF）が策定している、IEEE 802.15.4仕様の無線通信機器を用いてIPv6（アイピーブイシックス）で通信するための標準である。このIEEE 802.15.4仕様は、低消費電力の無線パーソナルエリアネットワーク（Personal Area Network：PAN）の通信規格であり、物理層とMAC（Media Access Control）層を規定している。この無線通信規格には短距離、低速度、低消費電力、低コストという特徴がある。6LoWPANを用いれば、無線LANでは実現が困難になるような資源が制限された環境でも、アプリケーション用の資源も確保しながら、インターネット接続を実現することができる（図1、図2）。

近距離無線技術 6LoWPAN

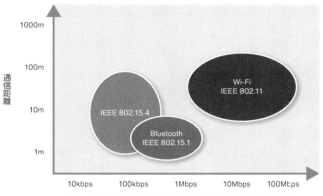

図1　代表的な無線通信規格の通信速度と通信距離の関係

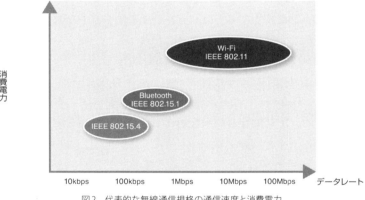

図2　代表的な無線通信規格の通信速度と消費電力

独自プロトコルからIPベースのプロトコルへ

　このような非常に小規模な組込みシステムに対する無線通信プロトコルは、無線センサーネットワークの分野で研究・開発が進められてきた。初期の無線センサーネットワークの研究分野では、インターネットプロトコル（Internet Protocol：IP）はパソコンやサーバ向けであり、無線センサーネットワークには適さないと否定的に考えられることが多かった。これは、無線

3 IoTのための ネットワーク技術

センサーネットワークで想定している機器は非常に小型であり、そのような機器に対してIPは重過ぎると認識されていたからである。そのため、さまざまな研究機関で作成されたハードウェアに、それぞれ異なる通信プロトコルスタックが研究・開発された。

このように開発された通信プロトコルスタックは、閉じた環境であれば、十分な性能を実現できた。たとえば、ノードに割り当てるアドレスのサイズは、その閉じた環境で一意に識別できる程度の大きさで十分であり、IPv6のアドレスのように128ビットのような巨大なアドレス空間は不要だった。また、想定されている応用も限定されていたためにプロトコルも単純にできた。その結果、通信に用いられるパケットのサイズも、メモリフットプリントも小さくなった。しかし、このアプローチにも問題があった。閉じた環境に最適化した特殊な通信プロトコルであるために、インターネットなどの外部のネットワークと接続する場合は、センサーネットワーク内で利用されるプロトコルを解釈してそれをIPへと変換したり、その逆向きの変換をしたりする複雑なゲートウェイやプロキシが必要になった。

そのような中で"Why invent a new protocol when we already have IP?"（すでにIPがあるのに、なぜ新しいプロトコルを考案するのか？）という疑問が提示され、IPに関する誤解を再考し、IEEE 802.15.4仕様の無線でIPv6

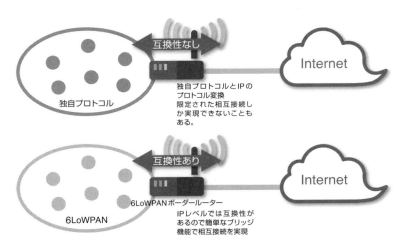

図3　独自プロトコルと6LoWPAN

を利用するための標準が検討されるようになった[注1]。これが6LoWPANの始まりである。センサーネットワークでもIPv6を用いれば、ブリッジ程度の機能の単純なゲートウェイでインターネットへ接続することができる。この6LoWPANのネットワークとIPv6のネットワークを接続するルーターを6LoWPANボーダールーターとよぶ（図3）。

IEEE 802.15.4仕様無線の特徴

それでは、IPv6をIEEE 802.15.4仕様の無線で使用する場合に何が問題になるだろうか？　その前に、IEEE 802.15.4仕様の特徴を整理しよう。

IEEE 802.15.4仕様では、64ビット拡張アドレスと16ビットショートアドレスとよばれる2種類のMACアドレスがサポートされている。64ビット拡張アドレスは各デバイスが固有にもつEUI-64とよばれる64ビット幅のアドレスである。一方、16ビットショートアドレスは、PANコーディネータとよばれるPANを構成・管理するノードによって割り当てられる、PAN内でのみ有効な16ビット幅のアドレスである。

扱えるパケットサイズは小さく、物理層パケットの最大サイズは127バイトしかない。MAC層ヘッダに送信元と送信先のそれぞれの64ビット拡張アドレスが含まれている場合、MAC層パケットの最大サイズは102バイトとなる。さらに、MAC層のセキュリティ機能を使用すると利用可能なパケットサイズはさらに小さくなる。たとえば、AES-CCM-128の暗号処理の場合、21バイトのオーバーヘッドが増えて、MAC層パケットの最大サイズは81バイトとなる。ただし、物理層がIEEE 802.15.4gで定義されているSUN（smart metering utility network）[注2]PHYの場合は、最大サイズは2,047バイトである。

IEEE 802.15.4仕様は、Low-Rate Wireless Personal Area Networksという仕様書のタイトルが示すように通信速度が遅い。IEEE 802.15.4でサポートされている物理層は、CSS（Chirp Spread Spectrum）PHYとUWB（Ultra-Wide Band）PHYを除けば、数10～数100kbpsの範囲に収まる。たとえば、IEEE

注1) G. Mulligan. The 6LoWPAN architecture. In Proceedings of the 4th workshop on Embedded networked sensors, pages 78-82, 2007.
注2) SUNは"Smart Utility Network"の略であると定義される場合もあるが、ここではIEEE 802.15.4gの仕様書中の定義を使用した。

表1 IEEE 802.15.4の特徴

項目	内容
MACアドレス	64ビット拡張アドレス 16ビットショートアドレス
物理層パケットの最大サイズ	127バイト（SUN PHYの場合2047バイト）
MAC層パケットの最大サイズ	102バイト（セキュリティ機能未使用時） 81バイト（AES-CCM-128暗号処理使用時）
通信速度	数10〜数100kbps（CSS PHY, UWB PHY除く）
トポロジ	スター型 メッシュ型
ノードの配置方法	アドホックに配置（事前に配置計画を立てずに配置する）
設置場所	ノードを交換しにくい場所へ設置されることもある
電源	バッテリー駆動が多い

802.15.4gで規定されている920MHz帯のSUN PHYは、50kbps, 100kbps, 200kbps, 400kbpsが利用できる。

ネットワークトポロジは、スター型とメッシュ型が考えられている。いずれのトポロジでも、多数のデバイスが配置され、あらかじめ決められた場所というよりは、アドホックに設置されることが多い。さらに、これらのデバイスは簡単には近づきにくい場所や一度設置したら交換しにくい環境に設置されることもある。

多くのデバイスはバッテリー駆動である。ノードは、消費電力を抑えるために長時間のスリープ状態になる。このスリープ状態中は無線通信を行うことはできない（表1）。

6LoWPAN：IPv6 over Low-Power Wireless Personal Area Network

このような特徴をもつIEEE 802.15.4仕様の無線通信機器でIPv6を使う利点として、ノードのアドレスを自動的に設定できることと、大量のデバイスに対応できる十分に大きなアドレス空間があることがあげられる。ほかにも、機能することが証明されている既存のIPインフラを利用でき、管理や調査のためのさまざまな既存ツールも利用できる利点がある。一方、欠点としては、物理層パケットのサイズ制約によりIPv6で扱うような大きなサイズのパケッ

トを扱えないこと、IEEE 802.15.4仕様のMAC層で送信するには128ビットのアドレスを二つ（送信元と送信先）含むIPv6ヘッダのサイズは大きすぎることである。また、アドレス解決やアドレス重複検出に利用されるIPv6の近隣探索（Neighbor Discovery）は、常にすべてのノードが受信可能であることを想定して設計されている。そのため、消費電力を抑えるためにノードがスリープ状態になると、正常にIPv6が機能しなくなってしまう。逆にスリープ状態にならないようにノードを動作させることもできるが、これでは低消費電力で動作させることは不可能だ。

6LoWPANは、これらの課題へのソリューションの一つであり、ネットワーク層のすぐ下に存在するアダプテーション層に位置づけられる。アダプテーション層とは、あまり聞きなれない言葉かもしれないが、アダプテーション（adaptation）という名前のとおり、あるモノを他のモノへ適合させる層である。ここでは、IPv6パケットをIEEE 802.15.4 MACで送受信できるようにする機能を提供する。6LoWPANに関する標準はIETFによってRFC（Request for Comments）として策定されているが、2014年6月時点では、次の三つのRFCが公開されている。

- RFC4944: Transmission of IPv6 Packets over IEEE 802.15.4 Networks
- RFC6282: Compression Format for IPv6 Datagrams over IEEE 802.15.4-Based Networks
- RFC6775: Neighbor Discovery Optimization for IPv6 over Low-Power Wireless Personal Area Networks（6LoWPANs）

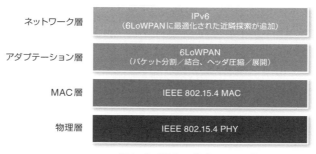

図4　6LoWPANアダプテーション層

これらのRFCはそれぞれ主に、IPv6パケットの分割／結合、IPv6ヘッダの圧縮／展開、6LoWPAN向けに最適化された近隣探索を規定している（図4）。

6LoWPAN：IPv6パケットの分割／結合

IPv6では、最小のMTU（Maximum Transmission Unit：1回の転送で送信可能な最大サイズ）が1,280バイトと規定されている。もし、MTUが1,280バイトより小さなリンクを使用する場合は、IPv6層より下位の層でパケットの分割／結合を行い、IPv6層では1,280バイトを1回の転送で送信できなければならない。

IEEE 802.15.4仕様の物理層パケットの最大サイズは127バイトである。そのため、6LoWPANアダプテーション層でパケットの分割／結合を行う。なお、2012年に策定されたIEEE 802.15.4gでは、SUN PHYの物理層パケットの最大サイズが2,047バイトまで拡張された。そのため、SUN PHYを使用する場合は、パケットの分割を行わずに一度に1,280バイトのパケットを送信することも可能である。

6LoWPAN：IPv6ヘッダの圧縮／展開

IEEE 802.15.4の物理層パケットの最大サイズに制限があることに加え、遅い通信速度と消費電力の観点から、無線通信で送信されるパケットは小さい方が望ましい。特に、IPv6ヘッダは、拡張ヘッダを含まなくても、40バイトとIEEE 802.15.4のMAC層にとっては大きなサイズである。これでは、アプリケーションが送信するデータが小さくても、毎回大きなパケットを送信しなければならない。そこで6LoWPANでは、LOWPAN_IPHCとよばれるIPv6ヘッダの圧縮を行う。

ここで、一度、IPv6のアドレス設定に関する話をしよう。端末にIPv6アドレスを設定する場合は、ステートレスアドレス自動設定、DHCPv6による割当て、マニュアル設定のいずれかの方法をとる。ルーター以外のホストの場合は、マニュアルでアドレスを設定することはほとんどなく、ステートレスアドレス自動設定、または、DHCPv6によりアドレスを設定する。特に、ステー

トレスアドレス自動設定は、DHCPv6サーバのような端末が不要で、ネットワーク構成の簡便性から広く利用されている。ステートレスアドレス自動設定では、基本的にMACアドレスをベースにホストのアドレスを決める。IEEE 802.15.4仕様の通信規格の各デバイスは、固有の64ビット拡張アドレスをもつ。この64ビット拡張アドレスから生成されるステートレスアドレスは、IPv6のアドレス128ビットのうち下位64ビットにそのまま64ビット拡張アドレスを使用する。この場合、IEEE 802.15.4 MAC層ヘッダとIPv6ヘッダの両方に、同じ64ビット拡張アドレスが含まれることになる。

そこで、LOWPAN_IPHCでは、MAC層の情報を使用して不要な情報をIPv6から削除したり、一般的によく利用される値を省略したりすることでIPv6ヘッダを圧縮する。簡潔にまとめると以下のような圧縮処理を行う。

- Versionフィールドは常に6なので省略する
- Payload LengthフィールドはIEEE 802.15.4のフレームサイズから算出可能なので常に省略する
- Traffic Class, Flow Label, Hop Limitの各フィールドは、ある決められた範囲の値であれば省略する
- Source Address, Destination Addressの各フィールドは、IEEE 802.15.4のMACアドレスから生成されたアドレス等であれば省略する

図5の例は、最も効率よく圧縮できた場合であり、40バイトのIPv6ヘッダが3バイトまで圧縮されている。

また、IPv6拡張ヘッダを圧縮するLOWPAN_NHCという圧縮もある。IPv6拡張ヘッダは、サイズが8バイト単位で設定されており、必要に応じてパディングが追加される。LOWPAN_NHCでは、主にこのパディングを取り除くような圧縮処理を行う。さらに、UDP用のLOWPAN_NHCもあり、そこでは、常にLengthフィールドが削除され、特定の範囲のポート番号であれば圧縮される。

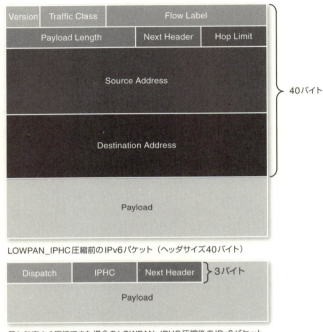

図5　LOWPAN_IPHC圧縮

6LoWPAN：6LoWPAN向けに最適化された近隣探索

　IPv6において近隣探索は、非常に重要な役割を担う。隣接するノードのMACアドレスを探索するだけではなく、ノードに割り当てられたIPv6アドレスが重複しないか検査することにも用いられる。そのため、近隣探索が正常に機能しなければ、ステートレスアドレス自動設定でアドレスを割り当てることもできなくなってしまう。

　近隣探索では、全ノードへのマルチキャストアドレスと要請ノードマルチキャストアドレス（solicited-node multicast address）を使用する。IEEE 802.15.4は、MAC層レベルでマルチキャストをサポートしておらず、すべてブロードキャストアドレスとして扱う必要がある。そのため、マルチキャスト

アドレスを用いた通信は、PANに属するすべてのノードが不要なパケットまでも受信することになるので効率が悪い。また、IPv6の近隣探索はスリープ状態のノードを想定しておらず、常に全ノードが受信できることを仮定している。そこで、6LoWPAN向けに最適化された近隣探索では、主に、スリープ状態のノードへの対応とマルチキャストを使わないような修正が加えられた。

- ホストから開始されるルーター広告（Router Advertisement）情報の更新処理
- 64ビット拡張アドレスベースのIPv6アドレスの場合、アドレス重複検査は不要
- DHCPv6により割り当てられたアドレスの場合、アドレス重複検査は不要
- 6LoWPANボーダールーターへホストのIPv6アドレス登録メカニズムの追加

詳細は省くが、これらの修正により、ノードが最初にルーターを探索するために全ノードへのマルチキャストを送信する場合を除いて、マルチキャストの利用が避けられるようになる。また、マルチキャストの利用が減ることで、ノードはスリープ状態になることができ、定期的に6LoWPANボーダールーターへアドレス登録を行うことで、ルーターにノードが存在することを伝えることができる。

6LoWPANの応用

前述したように、6LoWPANを使うことの利点は、小型デバイスでもIPv6を利用することができることである。IPv6を利用できるのであれば、小型デバイスから外部のサービスを利用できる。また、小型デバイスにグローバルアドレスが割り当てられていれば、外部サービスから小型デバイスを制御することもできる。また、アドレス割当てや近隣ノードのアドレス解決もIPv6の枠組みで実現できる。これは、6LoWPANノードが自動的に自律的にネットワークを構成できることを意味する。

特に、今までは断念していたような機器をインターネットに接続できるようになることが期待されている。たとえば、照明や鍵などのように一般的には情報家電とは考えられていないような物が、インターネットを通して制御したり管理したりできるようになる。このような応用のイメージでは、ホー

ムサーバといった専用機器は置かず、クラウド上のサービスにスマートフォンや家電が接続されている。クラウドは、従来のサーバ・クライアントモデルとは異なり、利用者がサーバの存在を意識しないサービスへと発展してきた。言い換えれば、すべの処理を一つの端末内で行う必要はない。家電は、機器固有の制御をクラウド上のサービスとして提供する。スマートフォンにより、これらのクラウド上のサービスを組み合わせて、一つに統合されたユーザインタフェースを実現する。また、スマートフォンではなくても、プロジェクションマッピングなど、その場に適した方法でユーザインタフェースを提供すればよい（図6）。

家電以外にも、災害の発生しそうな場所の監視や、建物・道路・橋梁・トンネルなどの構造ヘルスモニタリング、精密農業（Precision Farming：農地や農作物を監視して効率的な水や肥料の供給などを行う）など、さまざまな無線センサーネットワークの応用へも適用できる。

また、6LoWPANをベースにIPv6を利用する規格も増えてきている。ZigBeeは、メッシュネットワークを構成可能なプロプライエタリなプロトコルスタックであり、もともとはそれのMAC層と物理層がIEEE 802.15.4として規格化された。近年、6LoWPANを使用してIPv6ベースのメッシュネット

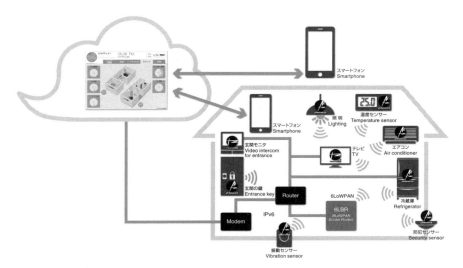

図6　未来の家電

ワークを構成するZigBee IPが規格化された。また、エコーネットコンソーシアムが策定したECHONET Lite規格でも、920MHz特定省電力無線では、6LoWPANを使用したネットワークスタックが推奨されている。このように、種々の規格に採用されることにより、今後、さらに多くの応用に使用されていくだろう。

ユーシーテクノロジの6LoWPANソリューション

　ユーシーテクノロジは、組込みリアルタイムOS——T2ファミリをベースにIoTのための6LoWPANフレームワークを開発し、家電や設備機器、センサーなどに組込まれる無線モジュール用の6LoWPANプロトコルスタックと、6LoWPANネットワークとIPv6ネットワークを相互接続する6LoWPANボーダールーターを販売している（図7）。

　ユーシーテクノロジの6LoWPANソリューションの特徴として、CoAP（コープ）（Constrained Application Protocol）を利用できることがあげられる。CoAPはUDP上で動作するHTTPに似たプロトコルである。CoAPは資源が乏しいデバイスのアプリケーション層で利用されることを想定して設計されており、パケットヘッダがHTTPと比較して簡略化されている。また、TCPの代わりにUDPを使用しているのでオーバーヘッドが小さい。さらに、HTTPへ

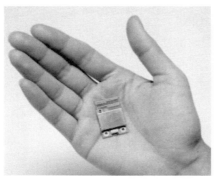
6LoWPAN搭載920MHz無線通信モジュール

6LoWPANボーダールーター

図7　6LoWPANプロトコルスタックを搭載した無線通信モジュールと6LoWPANボーダールーター

3 IoTのための ネットワーク技術

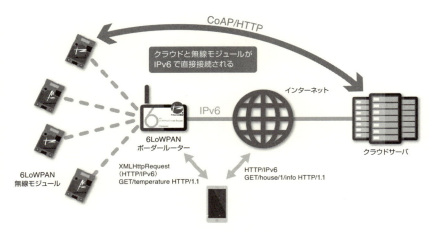

図8　6LoWPANボーダールーターを通した6LoWPAN無線モジュールとクラウドの連携

の変換も容易になるように設計されている。6LoWPANのみでは、ノードとインターネットを相互に接続する枠組みしか提供されないが、CoAP/HTTP変換機能がある6LoWPANボーダールーターと組み合わせることにより、ノードはHTTPよりも軽量なCoAPを通して、クラウドサービスなどのHTTPサービスを利用することができる（図8）。

CoAPを使用すれば家電の制御等を簡単に実現できる。実際、「未来の家電」デモンストレーションではユーシーテクノロジの6LoWPANプロトコルスタックが利用され、照明や玄関の鍵、扇風機などを制御（図9）。そこでは、個々のデバイスをクラウドから直接コントロールできるように、CoAPで機器制御用APIを作成しシステムが動作している。

また、必ずしもアプリケーション層にCoAPを利用することが必須というわけではない。たとえば、すでにECHONET Liteでアプリケーションを作成した実績がある

図9　未来の家電

ような場合で、既存ソフトウェアを活かしたいことも考えられる。ユーシーテクノロジの6LoWPANプロトコルスタックは、ECHONET Liteで求められるネットワーク通信機能とほぼ同等の機能を提供するので、CoAPの代わりにECHONET Liteを動作させることも可能である。

6LoWPANプロトコルスタックは、ミドルウェアの形態で開発キットとして提供している。6LoWPANプロトコルスタックは、物理層にIEEE 802.15.4g、MAC層にIEEE 802.15.4e、アダプテーション層に6LoWPAN、ネットワーク層にIPv6, RPL、トランスポート層にUDP, TCP、アプリケーション層にCoAPから構成されている（図10）。

6LoWPANプロトコルスタックの特徴として、IoTに適した構成になるように、μT-Kernel 2.0上に実装されていることがあげられる。リアルタイムOSと6LoWPANプロトコルスタックを一つの小規模MCUで実現することにより、機器制御とIoT通信の両方を一つのMCUで実現できる。そのため、機器制御用とIoT通信用に別々にMCUを用意する必要がなく、システムを低コストで開発できる。また、マルチタスクベースの使いやすいAPIにより、従来の組込みシステムを自然な形でIoTに対応できる。「未来の家電」ではCortex M3（ROM：512KB, RAM：32KB）を内蔵しているローム株式会社BP35A1という無線モジュールを使用したが、リアルタイムOSと6LoWPANプロトコルスタックを合わせてROM 32KBとRAM 12KB程度の資源で実現でき、ROMとRAMともに80%以上の領域を機器制御用のアプリケーション領域に使うことができる。開発キットには、6LoWPANプロトコルスタックのミドルウェアに加えて、BP35A1用に移植されたμT-Kernel 2.0と無線通信ドライバが含まれる。BP35A1はチップアンテナを内蔵していて、IEEE 802.15.4g仕様の物理層に対応した920MHz特定省電力無線を搭載している。

6LoWPANボーダールーターは、6LoWPANプロトコルスタックを搭載した無線モジュールとIPv6ネットワーク上の端末を相互に接続可能にする製品である。

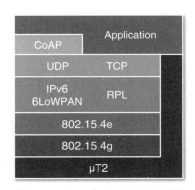

図10　6LoWPANプロトコルスタックの構成

3 IoTのための ネットワーク技術

6LoWPANボーダールーターは、T-Kernel 2.0+T2EX上に開発した。T2EXはLinuxと比べて一桁以上ROM/RAMの使用効率が良い。6LoWPANボーダールーターには、CoAP/HTTP変換機能が搭載されており、この変換機能を利用することでノードはシームレスにインターネット上のHTTPサービスを利用でき、また、インターネットを通してノードは機器制御などのサービスを提供することもできる。

IPv6と近距離無線技術

IPv6 Internetに基づいた
スマートシティーの挑戦

江﨑 浩（東京大学教授、WIDEプロジェクト代表）

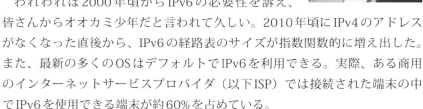

IPv6の普及率の増加

　われわれは2000年頃からIPv6の必要性を訴え、皆さんからオオカミ少年だと言われて久しい。2010年頃にIPv4のアドレスがなくなった直後から、IPv6の経路表のサイズが指数関数的に増え出した。また、最新の多くのOSはデフォルトでIPv6を利用できる。実際、ある商用のインターネットサービスプロバイダ（以下ISP）では接続された端末の中でIPv6を使用できる端末が約60%を占めている。

　ISPにおけるIPv6の普及率を見ると、米国と比較して日本の方が高い。だがこれが利用者には見えてこない。日頃利用している携帯電話のネットワークが、古いアプリケーションを使用するためにIPv6を利用不可にしているからだ。また職場のネットワークがさまざまな理由でIPv6を禁止していることも多い。

3 IoTのためのネットワーク技術

　NTTのフレッツ光ネクストでのIPv6の契約者数は、2012年と比較して約10倍に増え、100万人に到達する勢いである。KDDIのauひかりではIPv6の普及率が99%に達している。このように、IPv6を利用できるインフラが増えている。

すべてのモノにIPを

　IPv6が必要となる理由は、IPv4アドレスの枯渇の影響が大きい。IoTを考えた場合には、グローバル接続が必要になる。以前、アメリカ国立標準技術研究所（NIST）は、スマートグリッドはインターネットに接続しないからIPが不要であると考えていたが、異なるセグメントからのデータを収集して解析することを考えると、グローバル接続が必要であると判断した。

　さらに、セキュリティ対策が非常に重要である。実際、あるビルの照明やエアコンを制御するプロトコルにはセキュリティ機能がなく、私の仲間が3分という短い時間で簡単にハッキングできた。そのため、インターネットへの接続を前提とした場合、セキュリティを設計段階から考慮することが必要不可欠である。セキュリティがなければIoTを実現できない。

　20世紀のインターネット協会は、"IP for Everyone"として地球上のすべての人にインターネットの接続性を提供することを目指した。21世紀に入ると、"IP for Everyone"から"IP for Everything"に変化した。人をモノがサポートする、あるいはモノとモノが話をする。人が介在しない場合、人では検出できたセキュリティ上の問題も、モノでは検出できないかもしれない。そのため、IoTでは、モノとモノとの間に信頼関係を築けるようなセキュリティに関するフレームが求められており、いちばん重要な技術的課題でもある。

垂直統合型から水平型へ

　従来のスマートビルでは、空調や照明、電源の制御にそれぞれ異なる技術が使われている。データベースのフォーマットが異なれば、アクセスインタフェースも異なる。これは垂直統合型のビジネスモデルが構築されているからである。今のビジネスモデルを水平型に変えていかなければならない。昔、インターネットで実現されたことと同じである。以前はベンダーごとに、垂直統合型でコンピュータとそれのネットワークを売っていた。そこに、IPと

いう共通プロトコルを導入してすべてをつないだ。これがインターネットである。今回は、同じことをデータ中心で目指している。IEEE 1888は、ゲートウェイを通してZigBeeやBACnetなど多様なデータリンクの差異を吸収し、データベースを中心にデータの透過性とビッグデータを実現する。いちばん重要なことは、共通のレポジトリにデータを蓄積することである。ソフトウェアベンダは、ハードウェアの知識を必要とせずにデータへアクセスでき、アプリケーション開発に参入しやすくなる。

IEEE 1888の導入事例

IEEE 1888をベースにしたセンサーネットワークを導入して東大全体の省エネに協力した。東大は東京でいちばん電気を消費する事業所として有名であるが、ピーク電力を約30%削減できた。また、インドのハイデラバードという都市に、気象センサーを設置してインターネットを通してデータベースに情報を蓄積するシステムを構築した。リアルタイムに雨雲の動きを知ることができ、高価なレーダーよりも精度が高かった。

ほかには、無線のアクセスポイントをもつKDDIとウェザーニュースが協力したソラテナというサービスがある。3,000個の気象センサーをKDDIの無線アクセスポイントに設置する。アクセスポイントからネットワークへの接続性はKDDIがもっている。また、気象情報とGISを統合でき、等圧線の作成や降雨場所を知ることなどができる。

ローカルなクラウドコンピューティングへ

今後、IoTは、クラウドコンピューティングから再びP2Pへと変化していくだろう。クラウドコンピューティングは、サーバとのデータ通信で生じる遅延が大きい。ある自動車会社が構築しているオートナビゲーションのシステムでは、この遅延のためにクラウドを前提にできない。車同士で、P2P型のローカルなクラウドコンピューティングで実現せざるを得ない。そして、IoTは透過性のあるアーキテクチャを持ちながら、ビッグデータを支えなければならない。

3 IoTのための ネットワーク技術

IoTと6LoWPANによるネットワーク

諸隈 立志（ユーシーテクノロジ株式会社 代表取締役）

TRONプロジェクトと電脳住宅

　TRONプロジェクトは1984年から始まり、理想的なコンピュータアーキテクチャを目指した。あらゆる機器、設備、道具にマイクロコンピュータが内蔵され、ネットワークで相互に接続し、協調動作することで人間の活動を多様な側面から支援する。当時考えられたインテリジェントオブジェクトネットワークは、いまで言うところのIoTである。モノの中に入るコンピュータのリアルタイムOSが検討され、現在、日本では60％のシェアがあり、世界でも高いシェアがある。

　TRON電脳住宅は、1989年に六本木に建てられた建物。温度、湿度、風などを測定するセンサーが多く設置された。すべての窓が電動で開き、外の風が気持ちよいときは、自動的にエアコンを止めて窓が開く。2009年に建てた新しい電脳住宅u-home（→P.240）では、環境と人をセンシングする。人は自分がいる部屋の機器をスマートフォンで制御できる。

電脳住宅 u-home

920MHz特定小電力無線と6LoWPAN

　920MHz特定小電力無線は、条件が良ければキロメーターオーダーで飛ぶ。また、障害物があってもある程度回り込む。木造一軒家ならどこでも届くので、人が住む環境で使いやすい無線だ。IEEE 802.15.4で規格化された920MHz帯の無線通信は、フレーム長が最大127バイトである。それに対して、IPv6の最大フレーム長は1,280バイトある。127バイトの箱に1,280バイトの中身を入れることはできない。これを解決するのが6LoWPAN（IPv6 over Low-Power Wireless Personal Area Network）という省電力近距離無線でIPv6を使用する技術である。6LoWPANは、ヘッダの圧縮やペイロードの

分割を行う。

　パソコンなどがWi-Fiルーターを経由してインターネットに接続することと同様に、6LoWPANで通信する無線モジュールは6LoWPANボーダールーターを介して、インターネットに接続する。各無線モジュールにはIPv6アドレスが割り当てられ、グローバルにアクセス可能である。

UCT 6LoWPAN開発キット

　ユーシーテクノロジでは、UCT 6LoWPAN開発キットを提供している。このような無線モジュールは、シリアルインタフェースを通して無線モジュールを制御するために追加のマイコンが必要になることが多い。しかしユーシーテクノロジの開発キットは、μT-Kernel 2.0の上に6LoWPANを含むプロトコルスタックを搭載しているので、リアルタイムOSを用いてアプリケーションを開発でき、無線モジュールに内蔵可能だ。リアルタイム性が求められる制御も可能。追加のマイコンはいらない。

　CoAP（Constrained Application Protocol）はIoTのアプリケーション向けに設計されたUDP上で動作するプロトコルである。HTTPの簡略版と考えてよい。ユーシーテクノロジのボーダールーターの特徴として、CoAPとHTTPを透過的に変換する機能がある。この機能を利用すれば、ブラウザの標準機能で無線ノードを直接操作できる。

オープンな標準

　920MHz帯無線にWi-SUNという標準規格があり、Wi-Fiの920MHz版を目指している。Wi-SUNにはHEMSで広く使われているECHONET Lite向けのプロファイルがある。ECHONET Liteはローカルで閉じており、家の中の機器しか制御できない。ゲートウェイを用いれば外へ接続することも可能だが、それの仕様が規定されていない。ゲートウェイを作成したメーカーがアプリケーションも作成することになり、他社製のアプリケーションは動作しないだろう。一方、6LoWPANの場合、インターネット上のクラウドへ接続可能である。オープンな規格なので、さまざまな企業や産業が参入でき、多様なアプリケーションを期待できる。

　いままでは日本の家電メーカーに主導権があったが、メーカーごとの独自

仕様にこだわり、オープン化が進まずネット融合も進展していない。これには危機感を感じなければいけない。オープンなIPv6を導入して家電を接続する機構を作ることが必要だ。

モノそれ自体がインテリジェントに

　これからのモノは、それ自体がますますインテリジェントになっていく。すでにスマートフォンで操作できる機器もあるが、適切に情報を管理できるセキュリティとアクセスコントロールがある前提で、今後、操作そのものはなくなっていくだろう。そのときには状況認識がさらに重要となる。センサーで周辺環境や外部環境を感知し、人の行動、人やモノの特性などを学習する。それから目的をもって状態を作り出す制御へと変化する。たとえば、部屋の奥にセンサーを置けば、エアコンは部屋の奥を考慮した空調を行うというようなイメージだ。

4 オープンデータ×オープンAPI

Frameworx Daiwa House Group

物流オープンデータ活用コンテスト

IoT時代のオープンデータによるイノベーションと物流

坂村 健

　私は1980年代からTRONプロジェクトで、いろいろなモノの中にコンピュータが入っていき、ネットワークで結ばれるというビジョンを出していました。その頃は、IoTやユビキタスなどしゃれた言葉などなかった時代ですから、HFDS（Highly Functionally Distributed System）——要するに機能分散が高度に進化したシステムと言っていました。「ユビキタスコンピューティング」というのは、ゼロックスのパロ・アルト

ITU150周年賞受賞

研究所が1991年から言い出した言葉ですし、「IoT」も1999年からMITのオートIDセンターのマーケッターの人が使い始めた言葉です。しかし、私はそれより前から概念を提唱していたということで、2015年にITU（International Telecommunication Union：国際電気通信連合）から、IoTの元祖ということでITU150周年賞をいただいたということは、たいへん嬉しく思っています。

IoTはここ数年で安定的な技術に

ガートナー・グループが情報通信技術の世界で流行っている言葉に関して、どのくらい使われているかを調査しています。あるところでピークを迎えると、産業界や経済界が興味を持ち、適切にそういうものが提供できるとそのまま上昇していきます。しかし情報伝達のスピードが非常に速くなっていますので、大抵の場合、皆がその言葉を知ったときにはすぐに具体的な物やサービスが提供できず、一度落ち目になって、準備が整うと再び上昇し、最終的には安定してその技術が使えるようになるという、そういうグラフです。

実はIoTというのは、ガートナー・グループに言わせると、2015年あたりでピークになっているそうです。もしもIoTという言葉がこの数年で出てきた言葉だと、この後いわゆる幻滅期に入ってしまいます。ここで私が言いた

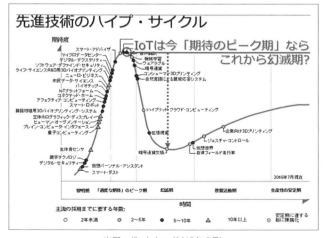

出展：ガートナー（2015年8月）

オープンデータ
×オープンAPI

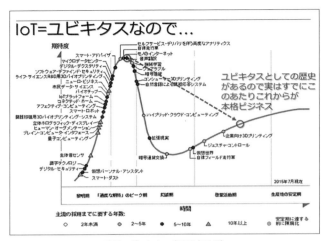

出展：ガートナー（2015年8月）

いのは、ユビキタスコンピューティングにしろIoTにしろ、30年前から言っているHFDSにしろ、実は皆同じものだということです。ユビキタスとIoTのどこが違うのかと言われても同じもので、呼び方が変わってるだけなのです。どう違うかと言ったら、30年前に私が提唱していたHFDSはハードウェア的な考えから名前を付けていたわけですが、最近のIoTはまさにマーケティング用語です。ユビキタスはどこにでもコンピュータがあるという意味で、哲学的な名前ですね。IoTは、具体的にネットにモノをつなげる、そういう意味合いになっています。結局は同じようなことをやろうとしていたわけですから。

そういう意味で考えると実際には、IoTというのは今流行って幻滅してしまうのではなく、おそらくここ5年、10年で安定的に使われる技術として重要な技術になるだろうと思っています。

TRON―オープン化の範囲の拡大

私のTRONはオープンソースといってオペレーティングシステムのソースコードを完全に全部無料で公開してきました。しかしそれ以上に最近ではハードウェアもオープンに、API（Application Programming Interface）、デー

タ、あらゆるものを隠さないでどんどん出してしまって、それを使ってどういうことができるかを考えようと、時代がオープンのほうに向かっています。

IoTというのはコンピュータとネットワークによって、情報と現実世界の間に互いに影響する関係を作って人々の生活を支える広い技術の集大成です。このIoTで、現実世界とバーチャルな世界を結ぶようなことをやろうとしているのですから、世の中のいろいろなデータがオープンになる、組込みがオープンになることで、両者には非常に密接な関係が出てきます。

もともとTRONは組込み向けのオープンプロジェクト、オープンアーキテクチャだったのですが、最近は社会や他の分野でもこの考え方が使えるのではないかということで、「公共交通オープンデータ協議会（→P.39）」や、「オープン＆ビッグデータ活用・地方創生推進機構[注]」という活動を行っています。

アイデアをすぐ形に出せる時代

イノベーションは進化論の世界です。どうやったら成功できるかというような方程式はありません。何回も何回もチャレンジするしかない。失敗してまたチャレンジ、失敗してまたチャレンジを繰り返すと、いつか確率論的に成功するだろうというのがイノベーションの基本原理です。1,000回試したら3回ぐらいしか成功しないなどと言われています。運が良ければ1回で成功するかもしれませんが、運が悪いと本当に997回目になっても成功しない

イノベーションは進化論の世界
チャレンジの多さのみがイノベーションへの道
1000回に3回の成功がイノベーション
↓
ターゲティング型の戦略には効果がない
「何年までに〜を実現するために」など
何をすればいいかわかるようなものはイノベーションではない

技術はチャレンジをより容易にしている
アプリ、コンテンツのネットワーク流通、
計算資源のクラウド化、
ネットワーク発注の試作サービス、3Dプリンタ
↓
独創性をすぐ形にして社会に問える環境へ

注）　一般社団法人オープン＆ビッグデータ活用・地方創生推進機構（VLED）　http://www.vled.or.jp/
公益事業者などが保有するデータのオープンデータ公開を推進し、国や地方公共団体のデータと組み合わせてビッグデータとして利活用することによる経済の活性化を目指して設立された機関（理事長：坂村健）。

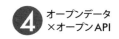

アイデアをすぐ形にし社会に出せる時代に	オープンが可能にするマッシュアップ
以前は豊富な資本を持つ企業しかチャレンジは大変だったのがいまはパソコン一台でもチャレンジできる ↓ インターネットが全てを変えた	マッシュアップは本来は別々の楽曲や、ボーカルトラックと伴奏トラックを合成する手法を指す音楽用語 様々な機能・サービスがネットワークでオープンに ↓ それらを連携させて新たな機能・サービスを低コスト短期間でマッシュアップ可能に

かもしれない。確率だから仕方ありません。場合によるとしか言いようがないのです。人がやっていない革新的な成果を出そうとすると、いつまでに何を実現するといったターゲティング型の戦略というのは効果がないのです。最初はゴールがわからない、何をやったら成功するのかわからないのがイノベーションだからです。やっていくうちにわかってくるような世界です。とにかくチャレンジを多くするしかないのです。

　実は世の中を見ると、技術はチャレンジを容易にしています。どんどんチャレンジしやすくなっています。アプリケーションやコンテンツもネットワーク流通できるし、計算資源はクラウド化しています。ネットワークで発注する試作サービスや3Dプリンタもあります。そういう意味で独創性をすぐ形にして社会に問える環境になっている。しかも資金の調達は、クラウドファンディングで可能となっている。ネットにこうしたことを実現するのにこれだけの費用が必要なのでいくらか出してくださいとやると、ネット上でお金が集まってくる。もし、人が足りなければ、クラウドソーシングで集められる。こうして、アイデアをすぐ形にして社会に出せる時代に、間違いなくなってきています。

オープンデータはイノベーションの社会資源

　このようなすべてのことを可能にしたのがインターネットのオープン性です。インターネットがすべてを変えた。インターネットという技術よりは、インターネットのオープン性のほうに注目する必要があります。たとえばインターネットで使われている通信プロトコルTCP/IPは、技術的にはこれより

も確実性の高い方式もありました。しかし重要だったのは、誰とでもどこへでもつなぐことができるというオープン性で、これはもうほかのものにはかないません。

オープンが可能にするマッシュアップというのが増えています。いろいろなサービスをネットワークでどんどん結んでいると、スマートフォン（スマホ）のアプリを作る人で地図まで自分で作ろうという人はいないですよね。グルメサイトを作るにしたって地図までゼロから作るという人はほとんどいないはずで、Googleマップなどを使ってしまおうということになります。そういうことを考えると、「オープン」化がイノベーションを生んでいるということは間違いありません。オープン化することによりコストが小さく効果が見込めるため大きな期待が出る。オープンデータは、多くのイノベーションのきっかけにもなる社会の資源だと私は思っています。

オープンにしたロンドンや東京の地下鉄で起こったこと

オープンデータを使ったこの二つのサイト、どこが違うのでしょうか。左はロンドンの地下鉄の路線図、右はフィンランドの国鉄の路線図。動かすとわかるのですが、ロンドン側もフィンランド側も現在の電車が居る位置を動的に見られます。しかし誰が作ったかというと、ロンドンは個人の鉄道マニアのハッカーが作っています。このソフトを作るのに、ロンドン市の地下鉄

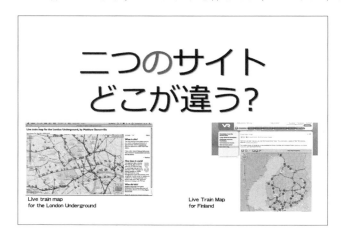

4 オープンデータ×オープンAPI

会社がお金を払ったわけではありません。データをオープンにして誰でも地下鉄の動的データを使ってもいいことにしたら、こういうソフトウェアを開発してくれたということです。データを公開しただけで、スマホ用のこういうアプリが無料で出てきたわけです。

 それに対して、フィンランドではデータを公開したわけではなく、フィンランド国鉄が全部お金を出して、アプリもフィンランド国鉄が作ったのです。その結果、費用に差がついた。フィンランドのほうが何十倍もお金がかかっています。そして、これを修正するのもまたお金がかかります。ロンドンのほうは、もっと面白いアニメにしようとか、もっと使いやすくしようとか、ほかにもアプリが出てきた。

 これと同じことを東京メトロがアプリコンテストを実施して実現しました。たとえば、地下鉄がどのくらいの深度で走っているかがリアルタイムでわかるアプリが出てきました。電車の位置を立体表示して、地下に潜っていったり上に上がってきたりするのがわかる。データをオープンにしたことで、普通の人が思いつかないようないろいろなソフトウェアが出てきた。しかも、お金を払って東京メトロが開発したら大きな費用がかかったところを、無料でできてしまったのです。

 ロンドンの例でも東京の例でも、こういうことに共通しているのは、データがオープンになっていなければ、どんな優秀なハッカーであってもああい

東京メトロ10周年オープンデータコンテスト
入賞作品の一例

うものは作れないということです。会社のほうとしてはデータを出すだけです。データをオープンにするだけでいろいろなことが起こるということがいかに面白いかは、東京メトロのアプリコンテストでよくわかりました。大体2ヶ月ぐらいの間の募集期間に、全世界から2,800件

の登録があって、実際280個のアプリケーションが公開されました。これを金額換算すると何億円にもなるのではないでしょうか。経済効果としては非常に大きい。データを公開しただけでアプリケーションソフトを作ろうという人が世界にいるということです。私もメトロのアプリコンテストの審査委員長をやっていたのですが、外国からの応募が多くて驚きました。

　ロンドンがデータをオープンにしたのは、オリンピック、パラリンピックがきっかけでした。IOC（International Olympic Committee）が、ロンドンを訪れる人に対して、うまく競技場まで行けるような仕組みを用意するべきだと言ったら、ちょうど2012年のころはスマホが世の中に出てきたときだったので、スマホを使ったサービスをしますと言ってしまった。ところが実際にやろうとしたら、全部自分で用意するのは財政難で実現できないとなりかけたときに、たまたまアメリカで始まったオープンデータの動きにロンドン市はいち早く反応し、データを公開してできる人にやってもらうという方法があるということで始まったのです。その結果、大成功を収めることができた。オリンピックが終わった後も、ロンドン市はそれに味をしめて、いろいろなデータをオープンにし続けて、関係するソフトが数千の上のほうになってきています。たとえばベビーカーなど重たい荷物を持っている人はどういう経路で行ったらいいかとか、どう乗り換えるのかとか、今ですと日本でも乗り換え案内がありますが、そういうものをいろいろな人が作っています。それはデータが公開されているからできることです。

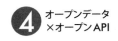

Industry 4.0

　IoTの分野で、Industry4.0というドイツの未来の産業ビジョンが日本でも話題になるようになりました。なぜ4.0かというと、①蒸気、②電気、③オートメーションに次ぐものということです。何でもいいから4.0と付ければいいと思われることがあり困るのですが、きちんと意味があります（笑）。

　もともとはドイツの産業競争力維持のための政策ビジョンです。実はこれに似たようなことをしているのがトヨタのカンバン方式です。部品を製造して、それを集めて組み立てて製品にして、それを流通に流すことを効率良く行う仕組みです。すぐに必要でない部品を持ってきたら余計な倉庫がいるから、ちょうど物を組み立てるときに部品が運ばれてくることをジャストインタイム方式と言って、以前から世界中が注目しています。しかし、トヨタのカンバン方式というのは、トヨタという系列会社で閉じた世界の中の話です。今IoTの時代の中で求められているのは、この系列を外して、ドイツ国内全部の部品を作る所、製造する所、物を売る所が、国全部がこのカンバン方式だったらどうなるか実験したい。それがIndustry4.0です。

Industrial Internet Consortium

　Industrial Internet Consortiumは、米国での企業コンソーシアムです。もともとはGEの事業コンセプトから始まりました。GEが持っている産業機械から集まってくるいろいろなメンテナンス用のデータや機械が稼働しているデータを全部ビッグデータとして集める。たとえば、機械が故障する一定期間前にどういう動きをしていたかというデータを解析し、他に動いている機械で似たような挙動パターンを起こすものがあると壊れてなくても止めてしまってメンテナンスをして、いきなり壊れるというリスクを避けるということを実現しています。これを、GEだけでなく、企業の垣根を越えて実現しようというのがIndustrial Internet Consortiumです。

　似たようなことはコマツのKOMTRAXがやっています。全世界のコマツのブルドーザーやトラックから動作データをクラウドに集めて分析することによってメンテナンス補修を行っています。しかしこれもトヨタのケース

> **コマツのKOMTRAXとどこが違うの?**
> 技術的には大して違わない
> 世界中で稼働する建機を遠隔モニタリングして故障予測まで
> → 違うのはやはり**オープン**度合い

> **今、目指すべきは…**
> **単なるIoTでなくオープンなIoTを**
> トヨタのカンバンシステム
> ↓
> Industry4.0
> ↓
> コマツのKOMTRAX
> ↓
> Industrial Internet Consortium

と同じで、コマツの中だけにとどまっています。それに対して、Industrial Internet Consortiumは、GEの中に閉じないで企業を超えてやろうという発想です。両者が違うのは、オープンの度合いです。そこがいちばん大きい。

オープンなIoTへの転換

　トヨタのカンバンシステム、コマツのKOMTRAXにみられるように、日本は「クローズなIoT」では先行してきました。これからの課題は、世界が「オープンなIoT」と言っているときに、それに乗れるのかということです。日本はクローズでギャランティ指向ですから、ここからどのようにしてベストエフォートでオープンなマインドを持った社会に転換できるかどうかが問われているのではないか、というのが今日の私の講演のメッセージです。

　今、何でも一人ではできない時代になっています。ネットを見ていますと昔と違って自分でソフトを全部作る人はなかなかいません。スマホアプリのグルメサイトを作る人がいるかもしれない。ショッピングサイトを作る人がいるかもしれない。しかし、地図まで作るという人はいないですよね。地図は他人の成果が使えるわけです。誰かと協力し合うことがないと今のネットワーク時代のソフトウェア開発というのはなかなかできません。

技術ではなく制度の開発レースへ

　日本では、イノベーションが「技術革新」と訳されてしまったのは随分不幸に思うのです。新技術だけ持ってくれば社会が変わると思われているので

すが、それは大きな間違いです。技術だけでなくそれを生かす社会制度に作り変えない限りうまくいかない。

たとえば高速道路の料金を取るシステムでETCがありますよね。あれはすばらしい技術で、時速20kmぐらいで走っている車が、ETCレーンへ進むと料金が精算されて開閉バーが開く。これは日本のテクノロジーで作られたわけです。シンガポールも同じような物が欲しいという話になったので、日本のETCを使うよう提案したのですが、採用するけどバーは要らないという。そこが高価だからです。あのバーがなぜあるかというと、日本ではETCをすべての車に付けることは法律で義務付けられていませんので、付けたくない人は付けなくてもいい。ETCを付けていない車のために開閉バーがあるのです。シンガポールはすべての車にETCを付けることが義務付けられているから、開閉バーは要らなかった。

さらにシンガポールは最近ETCを使うことをやめてGPSを車に付けることを義務付け、データをクラウドに上げ、すべての車の位置がわかるようにしようとしています。交通渋滞の緩和にそれらのビッグデータを使うという研究をはじめています。そうした制度、法律、技術の導入の仕方がいかに重要かということですね。

今、技術開発レースから制度開発のレースへと世界は移ってきています。しかし日本はそういう発想になかなかならない。それがイノベーションの誤解で、技術面と最終利用イメージばかりが注目され、社会にそれをどう実現するかにあたり、必要な制度面での改革が積み残されてしまっているのが今の日本です。ここに楔を打ち込みたいというのが私の思っていることです。社会も2.0化しないといけないということは、皆さん一人ひとりが変わらな

**日本における
イノベーションの誤解**

技術面と最終利用イメージばかりが注目され
↓
社会的にそれを実現するにあたり必要な
制度面での改革が積み残される
↓
技術は完成しても社会への出口戦略がない

**社会も2.0化しないと
オープンIoTは不可能**

技術と制度の両輪で変えることが必要
社会活動の側はなんら変えずにIoTの力を期待しても無理
↓
社会活動の側も変える勇気が必要
ここではICT前進で何かを変えることをコンピュータシステムのバージョンアップと
なぞらえ「～2.0」と呼ぶ

いといけない。ETCの例でいうと、なぜバーを作ったのか聞いたら、インチキする人を止めるためだそうです。これは日本人っぽいですよね。自分が正しいことをやっているのに、他の人が不正するのは許せない。だから支払いをしない車は止める装置を作ることになってしまったわけです。でもすべての車にETCを付けることにすればバーは要らなかったのです。違反した人には罰金を払ってもらうしかない。ですから皆さんの気持ちも2.0化し、これからはネット時代なのだから考え方も変えようとしないと社会は変わらないのです。

深化するネットと物流の関係

　株式会社フレームワークスの秋葉社長には私のオープンの考えに賛同いただきまして、私は今回のコンテストの提案をさせていただきました。同社は、倉庫・物流の会社です。本来的にクローズ・ギャランティ指向の倉庫・物流関係でオープンデータコンテストを行うのは、おそらく世界初だと思います。日本企業が変わるきっかけとして非常に期待しています。

　ネット通販が盛んになるにしたがって、インターネットと倉庫や物流の関係がより深く複雑になっています。ネット世界と現実世界の連携という意味ではまさにIoT的テーマです。倉庫・物流というのはB2Bの閉じた世界だったのですが、こういう世界のデータがオープンになることによって、一体何ができるのだろうか。日本版のIndustry4.0のきっかけになるかもしれません。オープンな「カンバン方式」になるのかもしれません。

　原材料や部品や製品が今どこにありいつ届くかといった物流関係データを関係者が共有できるのが第一歩となります。倉庫がいくつかある中で、その倉庫に物を入れたい会社がいくつかある。何度も言っていますが、今までは系列で閉じていますから。たとえば自動車関係の部品工場から自動車の工場へ行く流通は一つしかありません。トヨタは大会社ですから、トヨタの自動車部品を届けた後に、帰りは空だからと食品会社の食品を急に運ぶことはしませんよね。しかし今言っています「完全オープンにする」というのは、業界を問いません。たとえば、行きはマイクロコンピュータを運んでいたが、帰りはキャベツを積んで帰ってくるなどといったことになるのです。全部

オープンにして、系列を混ぜるわけです。コンシューマ関係で運んでいるところは、こういったごちゃ混ぜを行っています。それがB2Bのほうでも実現することにつながっていくのではないかと思うわけです。

コンテストの三つの部門

　コンテストには三つの部門があります。①ビジネス部門、②研究部門、③一般・教育・ゲーム部門です。ビジネス部門というのは、物流業務にデータをたくさん公開するからこのデータでどう効率改善をするかを考えてもらうものです。ここから倉庫管理業務に役立つアプリケーション、サービスに役立つアプリケーションが出てくることを期待しています。

　研究部門は、ロジスティックやサービスマネジメントに従事する研究者や学生さんなどから、リアルデータを活かした研究やそのためのツールができないかと期待するものです。

　一般・教育・ゲーム部門は、倉庫や物流に馴染みのない人がそのデータを使って、倉庫や物流の世界を面白く伝えるエデュテイメントの登場を期待しています。小中高生に物流と流通というのはどういったものか、その仕組みを理解してもらえるようなゲームができないだろうか、などいろいろなことを思いつきます。

コンテストで提供されるデータ

　コンテストにエントリーすると得られるデータには、大きく言うと三つあります。①倉庫内のピッキング関連、②輸送・配送関連、③物流拠点計画関連です。どれも一つひとつ見ると、こんなもの出してしまっていいのかと驚きます。出してしまっていいそうです（笑）。

　たとえば、ある倉庫の図面データは倉庫内の棚のIDと位置概要を示した図面データ、ロケーションデータは倉庫内の棚のIDと位置座標情報のリスト、作業ログデータは作業員のハンディ端末およびスマートグラスによる作業ログ、個人情報は出しませんが、作業員ID、タイムスタンプ、ロケーションコード――どこに誰がいてどのくらいの時間をかけてこの棚からここに乗せて――

など細かな単位でどのようにどのくらいかかって運んでいるのかというデータをすべて出すということですから凄いことです。それから位置ログデータは、xy座標を出して作業員が倉庫内のどこにいるのかわかります。それから環境ログデータは、作業員が装着した環境センサー——作業員が付けているウェアラブルなコンピュータから温度や湿度などいろいろな環境データが出てきます。バイタルデータは作業員が装着しているバイタルセンサーでカロリーや脈拍のログデータが出てきます。

　輸送・配送に関するデータとしては、運転日報、拘束時間、作業時間、トラック運行チャート情報、バック情報、ブレーキをどれだけ踏んだかの情報、停止散布図情報、ハンドル散布図情報、右左折散布図情報、スムーズ散布図情報、エンジンON/OFF情報、ヒヤリハット情報、iLTSログデータ——簡単に言いますと、倉庫から出て目的地へ運ぶまでに、どのくらいの速度でどういうルートを使ってどのくらいのガソリンを使ってエンジンはいつ付けて消したのか、出発到着の時刻の情報などすべてを出すとしています。これは本物のリアルデータですね。

　これは私の研究所で作ったデジタコデータの可視化の例です。デジタルタコグラフから取得されたトラック運行チャート情報をもとに、ある1日の全物流トラックの通過地点を速度で色分けしてプロットしたものです。これは

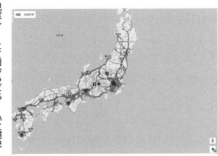

　実際こういう図が出てくるのではなく、データがたくさん出てくるから、そこからこうしたプロット図を作るのは簡単だということの実例です。

　日本は災害が多いですから、災害が起きたときに物流トラックの動きからどこが通れてどこが通れないのかわかるでしょうし、さらに1日だけでのデータでなく、ずっとある程度の統計データを見ていると、そのデータからどの辺が混んでいるのかとか、これが大和物流さんだけでなく全部のデータが出てきたらそれこそ国内で渋滞している場所がどこかわかりますよね。交通政策にも使えますし、なぜヒヤリハットが起こったのかがわかるようになると思います。

　最後の物流拠点計画に関するデータを説明します。大和ハウスグループは、どこに物流拠点を作るかを決定するためのシミュレーターを持っているそうです。そのシミュレーションソフトに使っているデータを、オープンにします。どのようなデータがあるのかと言いますと、ある地域の男女別の年齢人口——これは重要ですよね。拠点を作った時に今ですと完全ロボット倉庫にはならないので、倉庫で働く人をきちんと雇えるかを考えないといけません。それから配偶関係や世帯の種類、住居の種類などです。それから労働力の状態や学生がどのくらいいるかなどです。これらのデータは大和ハウスだけが持っているわけではなく、日本の政府や市町村はこういうデータを公開して

います。政府のオープンデータというのは、こういうものの塊みたいなものです。それをもう少し使いやすくするように先程の大和ハウスのシミュレーターの中に入るようにしたものを、惜しげもなくオープンにしてこのコンテストに役立ててもらおうということです。このように、民間で行うオープンデータコンテストの中では、提供されるデータの種類と量が多く、いろいろな成果が出ることをとても期待しています。

4 オープンデータ×オープンAPI

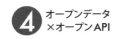

物流オープンデータ活用コンテスト

フレームワークスの考える
IoT時代の物流サービス

秋葉 淳一

(株式会社フレームワークス 代表取締役社長)

オムニチャネル化した物流システムの可能性

　フレームワークスは、物流システムのソリューションを提供する会社である。1991年に創業し、2012年には大和ハウスグループに入った。大和ハウス工業という会社名だが、住宅での売上は11％程度である。工場や集合住宅以外に、大和ハウスグループ全体では、日本での新規物流センターのシェアは一番ではないかと思う。

　当社はオムニチャネルということを意識して事業展開している。オムニチャネルは、一般消費者による商品の認知、検討、購買、受取、アフターサービスの各フェーズが、ネット、ソーシャルメディア、モバイル、通販、店舗、コレクトセンターに対してさまざまな形で接触しながら進められることを指す。昔は、一般消費者と店舗との間のシングルチャネルだったが、現在では、消費者は、自分のその時々の欲求が満たされるタイミングと方法と場所で、商品を選び、商品を購入し、決済をして、商品を受け取れるようになった。オムニチャネルは、物理的な商品という現実世界と商品データ、注文データというネット世界との連携という意味で、これからIoT

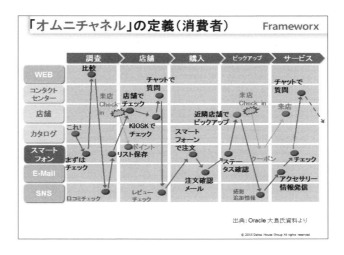

技術が大きく活かせる領域である。

　ネット通販が普及してきたといわれているが、実際にインターネットで物を買っている割合は、現在でも4.4％足らずで、2020年でも6.5％程度と予想されているに過ぎない。まだまだ成長の余地がある。一方物流サイドから見ると、消費者からの要求の一層の高まりと物流業界に携わる労働人口減少から、さらに高度なIT化、省力化が求められている。データ活用の割合を企業活動の分野別に見ると、経営全般／企画・開発・マーケティングに比べて、物流・在庫管理の分野は低いという総務省の調査結果が出ている。しかし一方では、データ活用によって効果が得られるのは、物流・在庫管理がもっとも大きいという。物流システムの今後の可能性はまだまだ大きいことを示している。

物流業界にイノベーションを起こすアイデアに期待

　フレームワークスが手がける洋服の青山の物流センターでは山手線一周分のレールが張り巡らされており、そこにスーツがぶら下げられて管理されている。RFIDが駆使され96％の自動化率を達成することにより、人件費を抑えつつ、首都圏の店舗には1日2回配送する体制を整えた。これにより、「試着予約」という新しいサービスの提供が可能になり他社との差別化が実現できた。

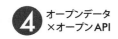

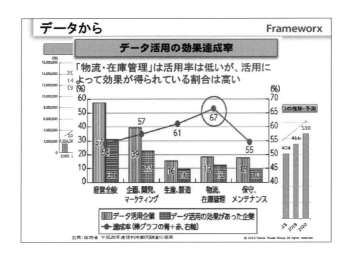

　手持ちのデータを活用したより高度な物流システムの構築にあたっては、どうしても私たちだけでは発想に限界が出てくる。先日、Amazonの物流分野への参入が報道された。しかし、私たちは、皆さんからいろいろなアイデアを集め、私たちなりに物流業界にイノベーションを起こしたい。そのような想いから、コンテストを開催することとした。物流データとまったく関係ないデータと結び付けて、物流の世界にどっぷり浸かっている私たちが気づかなかったような新しいアイデアが出てくることに期待している。

Frameworx

物流オープンデータ活用コンテスト

IoTスタートアップから生まれる新しいサービス

小笠原 治

(さくらインターネット株式会社 フェロー)

人の生活を変えるIoTに投資

　私はABBALabという会社を孫 泰藏氏(ガンホー・オンライン・エンターテイメント株式会社 取締役)と一緒に経営していて、IoT向けの投資を行っている。また、DMM.make AKIBAというシェアード工場を作ってきた。

　私が思うIoTには、狭義のIoTと広義のIoTがある。狭義のIoTはIndustry4.0のように一次受益者が企業であるものを指す。一方、広義のIoTは、一般の人の生活を変えていくようなサービスやデバイスを指す。私たちは広義のIoTを投資の対象としている。

　投資するときには九つのマトリクスで考えることにしている。縦軸にInternet、Device、Thingsを置き、横軸にInput、Logic、Outputを置く。たとえば、何をセンシングしてどういったフィードバックを返すことで、それがどんな価値を生んで、そこからどういうリターンが得られるかということを考える。私たちのところに相談があると、このマトリックスで二つ三つおもしろいところがあったり、一つや二つ私たちが足すことができたりすれば、試作用のお金として300万〜1,000万円ぐらいを投資している。

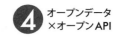

オープンデータが生み出す新しいサービスを推進

　オープンデータというのは私たちの胆である。4月20日に不動産賃貸仲介のアパマンショップグループと家の中にいろいろなIoT機器を持ち込むことを推進するための会社を作ることを発表した[注]。 IoT機材というのは体験型が多く、ハードウェアを購入するのは高くつくが、あらかじめ備え付けられていれば、利用される可能性が高い。たとえば、自分が鍵をかけ忘れていないかチェックできたり、自動で閉まったり、カードキーを失くしてもスマートフォンで開けられたり、人に鍵を貸したりするスマートロックのサービスが月300円なら払う人がいるに違いない。そういったことを推進していきたい。

　ほかに今考えているのは、予防医療のサービス。たとえば血糖値、尿酸値のようなデータを1日3回、年間1,000回測定できれば、糖尿病になるリスクは激減する。糖尿病は合併症まで引き起こすと元には戻らなくなる。たとえば、月500円で予防医療を受けられるならこうしたサービスを受ける人が

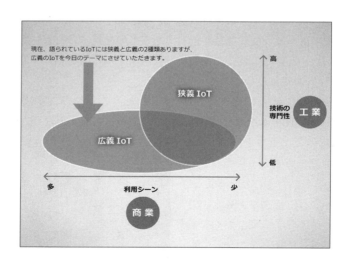

注）システムソフトとさくらインターネット、Home IoTに特化した サービス／プロダクトの企画・開発に取り組む合弁会社「株式会社S2i」を設立
https://www.sakura.ad.jp/press/2016/0420_s2i/

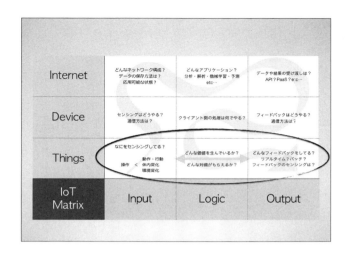

　いるだろう。こういったことを考えるスタートアップを生み出すのが私たちの仕事である。

　今回のコンテストでは、物流データのオープンデータから新しいサービスが生まれることにわくわくしている。たとえば、物流センターで働く人から得られる心拍データのようなバイタルデータを使ってどのようなインセンティブモデルを作れば皆がより良く快適に働けるか。そういったところにまでつながっていければ、こんな素晴らしいことはない。

物流オープンデータ活用コンテスト
パネルセッション：
物流データは可能性の宝庫

社内にもイノベーションの火を点けたい

坂村：このコンテストに期待することについて発表の中でお話いただきました。ほかに付け加えたいことがありましたらお願いします。

小笠原：イノベーションを起こすために企業化することはよくあるのですが、企業がある程度成熟した後に、イノベーションを企業の中で起こすことはとても難しい。だから、オープンデータ化してイノベーションを起こそうということが、物流システムの会社から出てくることは想像もしていませんでした。その期待に応えるような応募があればいいなと思います。

秋葉：今回グループ内だけでなく、他の会社にもデータをオープンにしてもらっています。今回のコンテストがきっかけとなり、グループ内だけでなく、いろいろな会社から、うちのデータも使ってみてくれないか、という動きが出れば、これも大きな成果だと思っています。

坂村：小笠原さんとしては、コンテストでよい成果が出たら、賞金以上の投資を行うといった話はありますか？（笑）

小笠原：まさに、僕が今いろいろなところで審査員をやらせていただいているのは、投資先を探しているみたいなところがあって（笑）、実際にそうした例はあります。

坂村： どういう観点で投資先を決めているのですか？

小笠原：今の話とまったく逆になるのですが、この人がもし失敗しても、もう一回投資したいと感じるかどうかです。もし失敗しても次に活きるということが感じられれば、最初の小さい投資は行います。一方、大きな投資は、そのモデルが僕のビジネス感から大きく外れているところならやります。自分がわかるところには投資しません。

坂村：なるほど、自分がわからないところに投資する。これは興味深いですね。秋葉さんにお伺いしたいのですが、こうしたコンテストの実施は、会社の中を改革したり先に進めるための活路にもなりますよね。

秋葉：当社は、もともとベンチャー企業だったのですが、大和ハウスグループに入ってから落ち着いた社員も出てきたので、もういちど火を点けたいという（笑）、そういう想いもあります。

物流データは可能性の宝庫

坂村：先程のお話に、物流データの活用度合いは少ないが、活用できれば効果が大きいという調査報告がありました。

秋葉：効果はたいへん大きいと思いますね。不動産として物流センターの空き情報というのは世の中に出ます。しかしそれは不動産屋として借りてほしいからです。一方、物流会社の倉庫の空き情報というのはなかなかない。1年間1シーズンの商売の場合、1年の最初に在庫が詰まれて一挙に減ると、それ以外の期間は大きな空間が空いている。しかし、そこを有効活用するための情報はなかなか出ない。ビジネスにマイナスイメージが出るからなのか

もしれませんが、出せていないデータはたくさんあります。

坂村：物流、流通というのは発展、イノベーションの可能性は大きいですね。さて、先ほどAmazonの物流の話題がありましたが、Amazonは脅威ですね。

小笠原：そうですね。AWS（Amazon Web Services）をやっていますしね。どれだけお客さんを取られたかわからないです（笑）。Amazonにとっては多分データを送ることも物流です。彼らは世界中でデータセンターを持っていて、それらを、AWSというレイヤーを挟むことで、自分たちがデータの物流会社になれることに気づいた。Amazonの中でいちばん稼いでいるのはAWSですよね。

坂村：AmazonにしろGoogleにしろビッグデータを持っているのは凄いことです。データを持っているので、利用者にいろいろ提案ができる。これを買いませんかとか、写真からこんなアルバム作ってみましたとかいろいろです。これからは、データを制する者がすべてを制するということで、ビッグデータや人工知能の研究が重要になります。

小笠原：ビッグデータとか人工知能とかいろいろな言葉がまとまりつつありますが、現在、演算処理、データ量、データ取得の手法などが、けっこう良い感じで交わってきている気がしています。

坂村：本当にこれから先は、人工知能がコンテストに応募して、優勝者は人間ではなかったという時代が来るかもしれません（笑）。

オープンデータとイノベーションを追い求めるコンテスト

坂村：最後におっしゃりたいことがあればお願いします。

秋葉：大和物流のデータを使って日本地図を走っているアプリケーションを作っていただきましたが、あれは実はたかだか520台分です。今の瞬間も日

本全国でどれだけの車が走っているかということを考えると、災害が発生したときに、ある道が通れるか通れないかが瞬時に判断できる。これはたまたま車の話だけですが、データをオープンにすることによって、世の中の役に立つことがたくさんあります。今回のコンテストでは、ぜひいろいろな方に興味を持ってもらって、応募していただけたらなと思います。

小笠話：私たちはGPUの塊みたいなものも提供しています。もしこのコンテストでデータ量が多過ぎて、分析・解析することが想像できないと思えるようなテーマがあっても、そうしたものを提供するということは可能です。かなりの演算能力を使える前提でぜひ応募していただけたらありがたいなと思っています。

坂村：私たちユビキタス情報社会基盤研究センターはあらゆる分野でのオープンデータとイノベーションを追い求めています。こうしたコンテスト開催に興味があるという方がいらっしゃれば、センターに来ていただければと思います。もっといろいろな分野が増えれば日本が変わってくるのではないかと思います。今日は長い時間ありがとうございました。

4 オープンデータ×オープンAPI

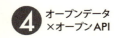

物流オープンデータ活用コンテスト 受賞作品

最優秀賞	ビジネス部門 「先輩！秘密の休憩場所を教えてください！」 神奈川県中小企業診断協会 オープンデータPJ		ドライバーのデジタコ内の情報を活用して適切な休憩場所を提供する。ドライバーのストレス軽減、運行業務の効率化を実現。
優秀賞	ビジネス部門 物流管制センター 〜ドライバーに易しい長距離輸送の実現〜 ウイングアーク物流コンテストプロジェクトチームA		ドライバーの長時間労働・長時間拘束の改善という観点から「ゾーン型配送」によるドライバー支援を行うツール。
	ビジネス部門 LogiZap MotionBoard 〜新しいレイバーメントによる人材確保と業務効率化の提案〜 ウイングアーク物流コンテストプロジェクトチームB		倉庫スタッフのピッキング実績やバイタルデータから個人の活動量を計測し、移動距離や消費カロリーなどを全員が見ることができるツール。
	一般・教育・ゲーム部門 「運転日報」「トラック運行チャート情報」の2次元/3次元可視化アニメーション 荻野 洋平		公開された「運転日報」と「トラック運行チャート情報」に注目し、トラック、ドライバーの動態を2次元、3次元のアニメーションで視覚化するビューア。
	研究部門 視覚障害者による倉庫内ピッキング作業の協調のための進化的ロジスティクス最適化 谷口 文太、宮永 翔太郎、前川 廣太郎、延原 肇		生物の遺伝子を模したアルゴリズムを併用して倉庫内で作業する視覚障害者の最適な移動経路を導き出す。
審査員特別賞	一般・教育・ゲーム部門 Caribou 石川大夢と乃村研究室の仲間達		ランキング機能とマップ機能を備えたドライバーの運転技術を可視化するアプリ。
	研究部門 予約ベースの物流プラットフォーム事業の立ち上げについて 明治大学専門職大学院 グローバル・ビジネス研究科 橋本 雅隆、左向 貴史、山本 緑、中三川 利菜		物流現場と発受注の間を同期化し荷待ち時間を解消するためのクラウドベースの予約システム。
ルクセンブルグ経済省 特別賞		ウイングアーク1st株式会社	

フレームワークス 物流オープンデータ活用コンテスト
http://contest.frameworxopendata.jp/

■募集部門

以下の3部門について、スマートフォンアプリ、ウェブサービス、ガジェット、調査研究レポートを募集。

○ビジネス部門

物流業務に役立つアプリケーション、倉庫管理業務に役立つアプリケーションなど。

○研究部門

倉庫や物流のデータを利用した経済や交通等の調査研究レポート、そのような調査研究に役立つアプリケーション。

○一般・教育・ゲーム部門

一般消費者に役立つアプリケーション、社会科教育やさらには業界での新人教育などに役立つアプリケーション、倉庫や物流のデータを利用したゲームやエデュテイメントなど。

■スケジュール

応募期間：2016年4月18日～2016年7月18日
表 彰 式：2016年9月12日

■審査

審査委員長：坂村 健（東京大学 教授）

審　査　員：秋葉 淳一（株式会社フレームワークス 代表取締役社長）

　　　　　　小笠原 治（さくらインターネット株式会社 フェロー）

　　　　　　浦川 竜哉（大和ハウス工業株式会社 常務執行役員 建築事業担当）

主　催：株式会社フレームワークス
共　催：YRPユビキタス・ネットワーキング研究所
協　力：東京大学大学院情報学環ユビキタス情報社会基盤研究センター
後　援：大和ハウス工業株式会社／大和物流株式会社／トラスコ中山株式会社／
　　　　国立研究開発法人産業技術総合研究所／株式会社マイクロベース

4 オープンデータ×オープンAPI

⊖THETA
RICOH THETA × IoT デベロッパーズコンテスト

オープンAPIで
すべてのモノをつなげる

坂村 健

オープンAPI化されたRICOH THETAを使ったコンテスト

　このコンテストには、東京大学大学院の情報学環の中にあるユビキタス情報社会基盤研究センターが特別協力しています。このセンターでは、これからの世の中がIoT（Internet of Things）やユビキタスコンピューティングの技術を駆使し、世の中の課題をどのように解決するのかの研究に取り組んでいます。いろいろな情報を公開するオープンアーキテクチャに基づいて、社会にイノベーションを起こす研究哲学を持っています。

　政府や地方自治体といった公的機関が持っているデータを公開するオープンデータや、インターネットにつながれた機器を制御するためのオープンAPI（Application Programming Interface）の動きが進んでいます。ユビキタス情報社会基盤研究センターは、情報を公開することによって、たくさんの人が参加して問題を解決していくオープンアプローチに注目しています。

　しかし、オープンアプローチは公的機関だけではうまくいきません。民間企業の協力も不可欠です。そこで今回リコーさんに、機器のいろいろな機能がネットにつながるようにして、それをコントロールするためのインタフェースを公開—オープンAPI化—するようお願いをしました。リコーさんは「ぜひ新しい時代をオープンという考えでつくっていこう」という私の考えに賛同してくださり、今一緒にこうした活動をすることになりました。

　もう一つ、このコンテストについて注目していただきたいのは、Xプライ

ズ方式（→P.205）を採っているということです。インセンティブを与えるためにコンテストを開催して利用の促進をするという考え方があります。特にコンテストに賞金を付けるというのが重要で、強いインセンティブになります。この賞金をベースに競うというのがXプライズ方式です。たとえば米国では、災害で人を助けに行くようなロボット開発や自動走行自動車の研究などが、Xプライズ方式で進められています。

リコーさんにはそういった考えにもご賛同いただきました。IoTの技術を使って360度全天球カメラRICOH THETAのAPIをオープンにし、それを有効に使うための開発を促進するため、賞金付きのデベロッパーズコンテストを実施することになりました。

TRONはIoT実現のための活動

オープンIoTという考え方とRICOH THETAのコンテストの関係についてお話しします。

私は1984年からここ30年以上ずっとTRONという名前の組込みリアルタイムOSのプロジェクトを続けています。これは、世界で最も多く使われているOSです。マイクロコンピュータは年間100億個以上生産されているのですが、だいたいほとんどが組込み向けです。皆さんがお持ちのデジタルカメラや携帯電話の中にも入っているものです。パソコンなどのIT分野で使われているOSよりはるかに多く使われています。ほかには「はやぶさ」や「イカロス」など宇宙でも使われていますし、車のエンジンのコントロールにも使われています。

私の研究の目的がまさにIoTです。1987年にSpringer-Verlagというアメリカの出版社から出した本では、いろいろなモノの中にコンピュータが入って、それがネットワークで結ばれる世界が

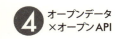

最終目標であるということを著しました。

　これは今で言うIoTの考え方の基本ではないかということで、2015年、ITU（International Telecommunication Union：国際電気通信連合）から、ITU 150周年賞をいただきました。IoTコンセプトの提唱とTRONというものを世界に広めたのが受賞理由でした。

　ちなみに他の受賞者は、インターネットの重要技術であるTCP/IPを作ったロバート・カーン氏、モトローラ社で世界初めての携帯電話を開発したマーチン・クーパー氏、デジタルテレビのマーク・クリボチョフ氏、動画のMPEG技術のトーマス・ウィーガンド氏、そしてWindowsのビル・ゲイツ氏です。

　IoTというのは、コンピュータとネットワークで情報と現実社会の間をつなぎ、人々の生活を支えるという技術の集大成です。すべてのモノの中にコンピュータを入れて、それをネットワークで結んでそこから集まってくるデータを使って現実の世界とネットの世界を融合させて、人間にとって快適な社会を作っていこうということです。

　いろいろなモノがネットにつながるとたくさんのデータが集まってきます。ビッグデータとも密接な関係にあります。またデータを人間が判断するだけでなく、コンピュータにデータを解析させるということで機械学習、人工知能（AI）にも関係があります。

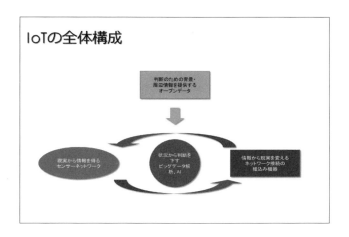

　見ていただくとわかりますように、現実から情報を得るためのいろいろなネットワーク——よく言われているのはセンサーネットワークなのですが——や機械から来るものだけでなく人間が公開するデータも集めると非常に大きなデータベースができあがります。それを解析することによって、現実の世界にフィードバックをかけることが可能になります。

　TRONはIoT実現のために活動を続けてきたプロジェクトだといえます。特に、「オープン」ということに焦点を当てていろいろな活動をしてきました。

メーカーを超えてつながる

　リコーさんと大きく関係しているのが、APIをオープンにするというところです。APIはApplication Programming Interfaceを略したもので、機械をネットワークにつなげたときに、そこにどういう指示を出すとどう動くのかの命令の集まりです。

　たとえばRICOH THETAというカメラだったら、シャッターを切る動作は、ネットにつながっているわけですから、スマホやパソコンからシャッターを切るというようなことはもちろんできます。ほかにも、絞りを変えるのもシャッター速度を変えるのも全部ネットワークからコントロールすることができる。撮ったものをネットワークに送って、データベースに入れたりもで

④ オープンデータ
　×オープンAPI

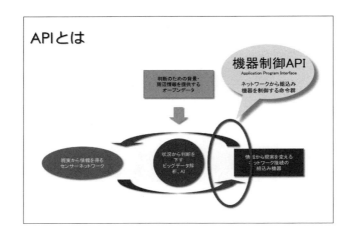

きる。双方向でいろいろなことができるようになっているわけです。

　実はネット対応組込み機器というのは、最近カメラに限らず、いろいろ注目されています。たとえばテレビのハードディスクレコーダーの機能がAPIとしてネットワーク経由で呼び出せれば、スマートフォンで出先からも操作でき、クラウド側でデータ管理や高度な録画の設定、再生などができるようになります。今までのビデオレコーダーとはまったく違った新しい録画機器もできるわけです。

　たとえば、ソニーが作った「nasne」というネット対応のハードディスクレコーダーがあります。私はこういう考え方で作られたものが好きでよくご紹介しているのですが、普通ビデオというとボタンがたくさん付いていますが、nasneにはボタンがまったくない。なぜかというとネットワークにつないで、録画や再生の指示はネットワークからしかできないようになっているからです。そのためのAPIはDLNA（Digital Living Networking Alliance）という業界団体の標準規格に基づいています。値段も非常に安く、液晶なんて必要ありませんから付いてないですね。機能を絞り込んだために低価格になって小型化されている。操作系もまったくない。

　実は、最初はソニーのスマホでないとコントロールできないというようにソニー製同士しかつながらなかった。しかしその後改善されて、他社製のスマホやアプリでもコントロールできるようになってきました。

オープンAPIですべてのモノをつなげる

　以前、日本でスマートホームというのが流行ったことがあり、そのときも似たようなことがありました。エアコンがコントロールできる、テレビがコントロールできる、テレビの録画ができる、冷蔵庫がつながると言うのだけど、A社だったら全部A社の製品を使わないとできないということが多かったのです。最近はメーカーを超越していろいろつながるように世界が変わってきています。

　先程お話ししたロバート・カーン氏が開発したインターネットのTCP/IP技術は、そのプロトコル（規約）さえ機器に実装すれば、パソコンメーカーに関係なくつながり、メールの交換ができるようになる。それと同じようなことで、いろいろなモノが、ある規約に従ってつながれば機器同士の連携ができるようになるということが面白い。昔はA社製だったらA社製同士だけで連携操作するけど、B社製にはつながらないとなっていたのが、最近ではAPIをオープン化することによってすべてのモノがつながる。つまり、メーカーも超越するということです。

インターネットのようにモノをつなぐ

　こういうことをIoTというのですが、最近同じような内容を指す言葉があります。ユビキタスコンピューティング、カームコンピューティング、IoT、パー

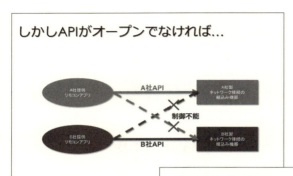

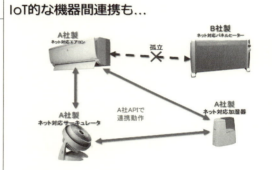

ペイシブコンピューティング、M2M、サイバーフィジカルシステムなど、人によっていろいろな呼び方をするのですが、同じものです。だいたい今言ったことをやろうとしているのです。

　IoTという呼称が残った理由は、モノをインターネットにつなぐというよりは、インターネットのようにオープン性をもってモノをつなぐということが社会で受け入れられたということでしょう。つないだモノ同士が事前に特別な約束事をすることなく、すぐに情報交換して協調動作できるというマーケティングから来た言葉なのですが、IoTが大きく社会を変えられる可能性があるのではと皆が思いだした。しかもそのカギはオープン性にあると気がついてきたといえると思います。

　TRONはオープンソースでやっていたのですが、その他にもオープンアーキテクチャ、オープンハードウェア、オープンAPI、オープンデータといろいろなものがオープンに情報公開されてきました。メーカーが製品を開発し

たら、一つのものをメーカーだけで完成させるわけでなく、多くの人の力でその製品を発展させていくという考え方に世界中がなってきました。

メーカーで製品開発をしている人が考えることは、やはりどこかで限界が出てきます。2015年にリコーさんと第1回のコンテストを行ったのですが、全世界から応募がありました。優勝したのは日本の方でなく、ドイツの方でした。全世界から応募があるのですね。こういうことに関心を持っていろいろなことをやろうと思う人が世界中にいるわけですから、限られた人達で考えるよりは、こんなことを思いつくのかというような新しいアイデアがどんどん出てくるわけです。

IoT時代のガバナンス

オープンだと言っても何をやっても良いということではなく、ガバナンスというのは非常に重要で、当たり前ですけど機械をつなげた場合に権限がない人にいろいろいたずらされたら大変です。

今日の会場のユビキタス情報社会基盤研究センターは、廊下を見ていただくとわかるのですが、天井がむき出しになっています。いろいろなセンサーやアクチュエータが付いており、ここに点いている電気とかすべてのものがネットワークに直結しています。これらのAPIを学生にも公開していますので、学生が実習でこの部屋の電気を点けたり消したりするプログラムを書こうとすればそれができます。しかしガバナンスというのは重要で、今私がここで講義をしている時に、学生にいたずらで電気を消されたりすると迷惑ですから、どうやればここの電気が消せるかはわかっているけれど、講義をしている時は学生には消せないようにするというのがガバナンスです。

ほかに、会社が従業員のための健康管理クラウドなるものを用意することが考えられます。家にある体重計もIoTでつながりますから、毎日計っている体重を健康センターに送るというような時代がこれからやってきます。しかし、従業員であるお父さんの体重データが送られるのは良いのですが、娘さんや奥さんもその体重計を使うかもしれない。その娘さんや奥さんのデータまで会社に送られてしまったら迷惑な話です。それがガバナンスです。お父さんのデータだけを送るという、そういうメカニズムがないと、何でもいいからオープンというわけにはいかないわけです。これからの組込みシステ

ムでは、ガバナンスが非常に重要になるということは、ぜひ強調しておきたいことです。

　最近のデジタルカメラは高機能で、データベースの機能を入れて、ITでやっていたようなことをカメラだけでやってしまうものがあります。たとえば好きな人を登録しておくと、好きな人だけにピントが合う機能を持ったカメラなども出てきています。しかし、そういったことを全部カメラでやろうとすると、もしそのカメラを落とした場合、誰が好きで誰が嫌いなのか知られてしまうわけです。そうなるとセキュリティをもっと強化しろという話になって、プライバシーを保護しないと、という意識が強まってきます。そういうことになると、カメラの中にシャッター速度や絞りをリアルタイムで調整する機能のほかに、落とした時に情報を見られないようにするさまざまな仕組みを入れないといけない。パソコンでやっていることと同じことになってしまいます。そうなるとカメラの値段がどんどんアップしていくわけです。ですからIoT的に考えていくと、そういった高度なことはカメラでやらなくていいと。クラウドに上げてしまえばいいということです。

RICOH THETA―軽いエッジノードを実現

　RICOH THETAはその考え方でできており、RICOH THETAの中に機能を全部押し込むわけでなく、クラウドと連携するのです。機能はクラウドでということになるので、今回のコンテストでもそういうものも出てくると思っています。RICOH THETAは完全にネットにつながって、撮った写真もネットに送れ、ネットの方からカメラの設定ができる。クラウドの中で変わったすごいことをやるアイデアがどんどん出てくるだろうと期待して始めたのが今回のコンテストというわけです。

　IoT時代の組込みのジレンマというのがあって、高級なことをやるとエッジノード（端末）が高価になってしまいます。そういう意味でもRICOH THETAが好きです。潔いですよね。普通カメラだと液晶ディスプレイを入れて、複雑な機能を動かす操作系を付けてということをやっていたら、どんどんカメラ自身は高価なものになっていきます。このRICOH THETAは液晶ディスプレイは付いてない。レンズしかありません。小さくて私がとても好きな

カメラです。私の考えに非常に合っていて、まさにIoT時代のカメラです。余計な機能は何もありません。ボタンが1個ありますけど（笑）。見たら何だかよくわからないアイスキャンディーみたいな形をしていて（笑）、言われて「カメラか」とわかる形ですよね。そういう意味でいくとエッジノードを安くして、高度な機能は全部クラウドで、という考えにとても合っています。

組込みはどんどんサービス志向のビジネスモデルになっていくと思っています。製品を売っておしまいではなく、エッジノードはサービスの蛇口です。カメラもそうなっていくのではないかと。サービスも蛇口なのだから、水源を製造したメーカーのクラウドに水道管のトンネリングで直結させ、水（サービス）を流す、そういう考え方にこれからの製品はなっていくのではないかと思っています。

RICOH THETA—TRONモデルを先取り

私が考えるアグリゲート・コンピューティング・モデル（Aggregate Computing Model）は、総体として高度なインテリジェント化を実現するということです。カメラに全部インテリジェンスを持たせるのでなく、カメラとクラウドが協調して全体としてインテリジェント化する。このモデルにRICOH THETAは非常に近い。

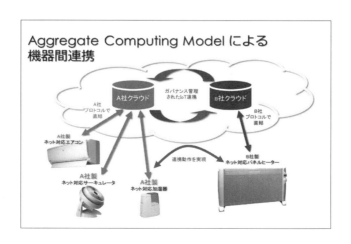

高度な機能は全部クラウド側で処理し、機器間連携もすべてネットの中でやるというのがアグリゲート・コンピューティング・モデルです。RICOH THETAもここに参加できるよう機能がバージョンアップされています。

RICOH THETAというのは私のアグリゲート・コンピューティングの考えを進めてくれた先売り製品みたいなものです。クラウドにつながってクラウドを通していろいろコントロールできるAPIが用意され、公開されている。そこでこれを使って高度な機能を実現するコンテストをやろうということになったわけです。

プログラムの力が拡大

プログラムの力はやはりすごい。IoTの世界では現実のプログラミングがいろいろ可能になります。現実のプログラミングというのは、カメラの例でいえば、現場に行かなくても遠くにいるところからシャッターを切るとか、下にモーターが付いたガジェットに取り付けてクルクル回して撮影するといったことです。ドローンに積んだりロボットに取り付けたりすることもできます。そうすると現実空間を動き回るカメラになって、それをコントロールすることができます。

そのためにはプログラミングの力が重要になります。専門プログラマでなくでも、プログラミングを勉強することによって誰でも思ったことが実現できる、そういう世の中にしたいのです。私はプログラミングの教材としてもRICOH THETAを高く買っています。単にプログラミングして計算だけをやるのは面白くないので、写真を撮ること一つをとってもいろいろな試みができる。

これからは、一人では何もできない時代になってきています。今回のコンテストでも、一人でやるのではなく、何人かでチームを組んで、この部分は誰、この部分は誰というふうにして、一人ではできないような大きなシステムが、総体としてまさにアグリゲートで、新しい機能を持ったシステムができたら面白いなと私は期待しています。たとえば撮った画像をクラウドに上げるところまでは僕がやるけど、その解析は誰かやってくれない？といった感じです。

どちらかというと日本はオープンにすることが苦手で、言い換えるとクロー

> **「一人ではできない」時代に**
>
> 少子高齢化、コストの削減圧力
> 高度なサービスの素早い導入への要求
> ⬇
> 社会のすべてでオープンシステム利用へ

> **IoTはオープンでベストエフォートの世界**
>
> 「オープン」とは、ルールを定め
> そのルールに従うものは
> いつでも、だれでも受け入れること
> ギャランティ不能だから必然的にベストエフォート

ズでギャランティ志向と言われています。だからこそ日本で、精神的にイノベーティブなコンテストが増えたら、こういう考えの会社が増えたらと私は強く思います。IoTというのはオープンの世界です。オープンというのはルールを定めて、そのルールに従うものはいつでも誰でもが受けられること。ギャランティといっても必ず保証するものではないので、常にそのときに皆がベストを尽くして最高の結果が得られるようにしようということです。こうした考え方をこれからの日本はもっと学ぶ必要があります。今回のコンテストが変わろうとしている日本を象徴するものになればと思っています。

　RICOH THETAでオープンAPIを使ったプログラミングコンテストでこんなことが起きたら良いなという期待をお話してきました。今回のコンテストが新しい日本の技術開発の一つを象徴するものになったとか、リコーさんも思ってなかったようなものが生まれる場になったといった成果が出れば、これは素晴らしいことです。そして、このような活動を増やす会社が増えることに私は大変期待しています。

4 オープンデータ×オープンAPI

●THETA
RICOH THETA × IoT デベロッパーズコンテスト
コンテスト開催の狙いと期待

大谷 渉
(株式会社リコー 新規事業開発本部 SV事業開発センター所長／SV技術開発センター所長)

コンテストの二つの狙い

　これからのメーカーは、ハードウェアだけではなかなかビジネスモデルとして成り立たないということは皆さんご存知だと思います。我々もハードウェアだけでなくハードウェアを介してサービスを提供するプラットフォームを作っていきたいと考えています。本コンテストの最初の狙いは、そのための第一弾としてRICOH THETAを位置づけ、サービス提供のプラットフォーム実現の第一歩としたいということです。

　二つ目の狙いは、それをオープンな世界で展開していくということです。今まではハードウェアにしてもアプリケーションについてもわりとクローズドな世界で展開してきました。しかし、オープン化することで幅広くいろいろな方に参加していただいて、そこに参加される方と我々が一緒に新しく価値を作り出し、育てていきたいということです。そういうことにトライしていくことを狙いとしています。

リコーがコンテストに提供する四つの機能

コンテストの応募者には以下の四つの機能を提供します。一つ目はストレージの機能です。360度の写真やビデオをクラウドで蓄積、管理できるようなAPIを提供していきます。二つ目はストリーミングです。360度のビデオを送受信できるので用途が広がります。三つ目はリモートです。RICOH THETA自身を遠隔で操作できる機能を提供します。四つ目はセンサー連携です。RICOH THETAがいろいろなものと連動できるようにIoTの中の標準といわれているプロトコルを使った機能を提供します。

BaaSの提供

さらに今後は、RICOH THETAのためのプラットフォームをBaaS（Backend as a Service）として提供していきます。先ほどの四つの機能以外にも、認証管理やSNSとの連携などいろいろと考えられます。これらは順次公開していき、活用していきたいと思っています。

プラットフォームに対するリコーの考え方

一つはやはりオープンということです。これまでクローズドにしていた機能やデータを可能な限りオープンにして、いろいろな方に参加していただいていろいろなものを作っていただきたい。我々もその中で一緒に作っていく、そういうことに挑戦していきたいと思っています。

4 オープンデータ×オープンAPI

　二つ目は共創（Co-creation）ということです。デベロッパーズコンテストを通してデベロッパーズのコミュニティを作っていき、その中でさらにいろいろな声を聞いて我々の開発に役立てていきたいのです。そのためのプラットフォームに育てたいと考えています。

質疑応答

——今回のコンテストでいろいろなアイデアが出てくると思いますが、これまでもRICOH THETAならではのいろいろなアイデアが実現されてきて、面白いなと思われたようなことはありますか？

大谷：それはありますね。今まで積極的にクラウド側のAPIというのは公開してなかったのですが、いろいろ分析（ハッキング）していろいろなものを作っている方々がいるのは我々も承知していました。こんなものを作っているんだ、と思うことはありますね。今回はそこをオープンに公開して、さらにいろんな方がいろんなアイデアを実現

するためにやりやすくしていこうという試みです。

坂村：RICOH THETAの特長というのは360度カメラですよね。周りが全部見えるようになっています。現実の世界を360度写したものを仮想的に作ったものと融合させて、その中でCGで作ったアニメが現実の世界の中で飛んでいるようなソフトを作られた方がいて面白いなと思いました。ほかにも、パイプの中を点検するため、人間が入っていけないような所にRICOH THETAを入れて360度写して点検する実用的なアプリケーションを作った方とか、面白いものがたくさんありました。

大谷：そうですね。そういう使い方もありましたし、中を分解してリモートで操作できるようにした、といったものもありました（笑）。

坂村：技術的なことはいろいろ細かなことはありますが、このコンテストを盛り上げるためのインセンティブとして賞金総額が500万円というのはぜひ注目していただきたいと思います。民間会社がやるものとしては、そう安くもないのではないかと思います。コンテストの成果に多いに期待しています。

❹ オープンデータ ×オープンAPI

⊖THETA
RICOH THETA × IoT
デベロッパーズコンテスト 受賞作品

最優秀賞	**聖徳玉子** インフォコム技術企画室（日本）	360°映像の特性をフルに使ったビデオチャットシステム。
優秀賞	**THETA EYE** THETA EYE（日本）	リコーのクラウドAPIを使って360°映像をライブストリーミング配信するシステム。
	360 stream to AR app for image-based lighting and real-time reflections grig:od（イギリス）	ストリーミングで送られてくる360°映像を使って、IBL（Image-Based Lighting）の手法でリアルタイムにレンダリングするソフトウェア。
	360EyeToEar StrawberrySaurs（日本）	周囲360°の視覚情報を聴覚情報に変換し人に伝えるウェアラブルカメラシステム。
80周年記念賞	**Veaver Theta S Mobility Streamer** Team Veaver (from IOK Company)（韓国）	360°映像をライブストリーミング配信するシステム。
	VANISH360 ViRD（日本）	動いているものを消し去り、動かない人物や景色だけを撮影できるアプリ。
	Sun Light Estimator 馬場 雅志（日本）	360°画像から太陽光の強度を推定し、実際の明るさや影の効果を持ったCGを作成するためのソフトウェア。
	Next Number VR360 muteua（日本）	天球にマップした画像の空間の中で行う数え上げゲーム。
	水中全天球ライブ配信システム i-Ball（アイ・ボール） 谷川＆山縣（日本）	水族館の水槽の中から全天球ライブ配信するシステム。
審査員特別賞	**Panomate** 株式会社マジックアワー（日本）	全天球パノラマ写真を不動産物件紹介に最適なパノラマコンテンツに変換して配信するウェブサービス。
	MOUTHETA virtual dentist center（日本）	口の中の360°撮影を紙1枚だけで実現。
	THETA Monitoring System Tsukasa Horinouchi（日本）	360°画像を取得し、動いている物体とその方向を検出するIoTシステム。
	World in a jar －ジャム瓶の中の世界－ MIRO（日本）	全天球写真をジャム瓶や電球に映し出すガジェット。

RICOH THETA オープンIoTデベロッパーズコンテスト
http://contest.theta360.com/

○スケジュール
　エントリー期間：2016年4月1日〜2016年8月10日
　応募期間：2016年4月1日〜2016年8月31日
　表 彰 式：2016年11月7日 日本科学未来館

○審査員
　審査委員長：坂村 健（東京大学 教授）
　審　査　員：小沢 淳（日本科学未来館 科学コミュニケーション専門主任）
　　　　　　　村松 亮太郎（NAKED Inc. 代表）
　　　　　　　清水 俊博（株式会社 ドワンゴ 人事部 部長）
　　　　　　　近藤 史朗（株式会社リコー 代表取締役 会長）

　主　　　催：株式会社リコー
　共　　　催：YRP ユビキタス・ネットワーキング研究所
　特 別 協 力：東京大学大学院情報学環ユビキタス情報社会基盤研究センター
　協　　　力：日本科学未来館／株式会社ドワンゴ

5 IoT×オープンデータ：業界動向

⑤ IoT×オープンデータ：業界動向

IoT業界 最新動向

IoT業界のランドスケープ2016

　米国ニューヨークのベンチャーキャピタルFirstMark Capitalのマネージングディレクタ Matt Turck が毎年IoT業界のランドスケープを発表している。同社は起業初期段階の資金を供給するため、スタートアップ企業を細かく把握するのが仕事。2013年には、「IoTは有意義な段階に」、2014年には「IoTは脱出速度を越えた」とコメントしていた。その2016年版が3月末に発表された（図1）[1]。

　このランドスケープでは、全体を大きく三つに分け、以下のように細かくカテゴリー化している。

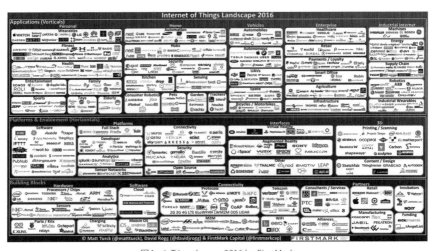

図1　IoT Landscape 2016 by FirstMark
出典：http://matturck.com/wp-content/uploads/2016/03/Internet-of-Things-2016.png

① **アプリケーション(垂直市場)**
- パーソナル
  ウェアラブル／フィットネス／ヘルス／娯楽／家庭／スポーツ／トイ／高齢者
- ホーム
  自動化／ハブ／セキュリティ／キッチン／センシング／消費者向けロボット／ペット／ガーデン／追跡
- 乗り物
  自動車／自動走行／ドローン(UAV)／宇宙／自転車・オートバイ
- 企業
  ヘルスケア／リテール(小売)／支払い・ロイヤルティ／スマートオフィス／農業／インフラ
- 産業インターネット
  機械／エネルギー／サプライチェーン／ロボット／産業ウェアラブル

② **プラットフォームとイネーブルメント＝可能にする技術(水平市場)**
- プラットフォーム
  ソフトウェア／フルスタック／デベロッパー／アナリティクス／センサーネットワーク／コネクティビティ／セキュリティ／オープンソース
- ユーザインタフェース
  仮想現実(VR)／拡張現実(AR)／その他
- 3D
  印刷・スキャニング／コンテンツ・デザイン

③ **ビルディング・ブロック**
- ハードウェア
  プロセッサ・チップ／センサー／パーツ・キット／充電
- ソフトウェア
  クラウド／モバイルOS
- コネクティビティ
  プロトコル／ M2M ／テレコム／ Wi-Fi
- パートナー
  コンサルタント・サービス／アライアンス／リテール(小売)／製造／インキュベーター／資金調達

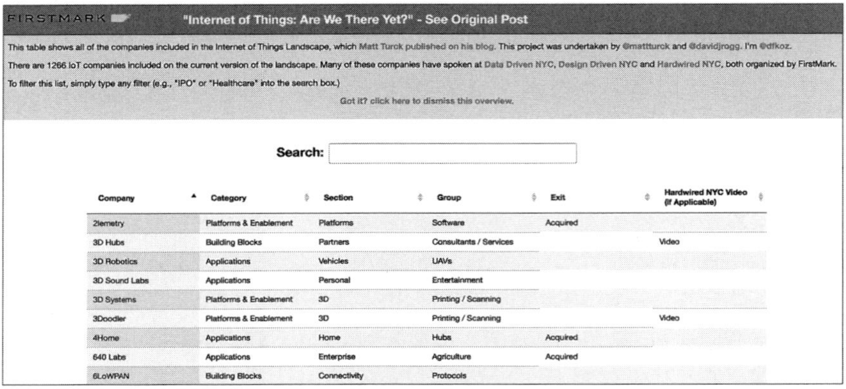

FIRSTMARK "Internet of Things: Are We There Yet?" - See Original Post

This table shows all of the companies included in the Internet of Things Landscape, which Matt Turck published on his blog. This project was undertaken by @mattturck and @davidjrogg. I'm @dfkoz.
There are 1266 IoT companies included on the current version of the landscape. Many of these companies have spoken at Data Driven NYC, Design Driven NYC and Hardwired NYC, both organized by FirstMark.
To filter this list, simply type any filter (e.g., "IPO" or "Healthcare" into the search box.)
Got it? click here to dismiss this overview.

Search:

Company	Category	Section	Group	Exit	Hardwired NYC Video (If Applicable)
2lemetry	Platforms & Enablement	Platforms	Software	Acquired	
3D Hubs	Building Blocks	Partners	Consultants / Services		Video
3D Robotics	Applications	Vehicles	UAVs		
3D Sound Labs	Applications	Personal	Entertainment		
3D Systems	Platforms & Enablement	3D	Printing / Scanning		
3Doodler	Platforms & Enablement	3D	Printing / Scanning		Video
4Home	Applications	Home	Hubs	Acquired	
640 Labs	Applications	Enterprise	Agriculture	Acquired	
6LoWPAN	Building Blocks	Connectivity	Protocols		

図2　Companies in IoT Landscape 2016 by FirstMark
出典：http://dfkoz.com/iot-landscape/

この中には実に1,266もの企業が含まれているという。全部は載せられないので資金を数回獲得しているスタートアップ企業を優先している。また買収されたところも多い。そのためか知らない企業が目立つ。サイト（http://dfkoz.com/iot-landscape/）にはすべての企業のリストが掲載され、検索できる（図2）。

Matt Turckは、2016年版の特徴として、「IoTには期待は持てるが、障害も少なくない」としている。その要点は以下のとおり。

- IoTは基本的にはあらゆる物理的なモノをデジタルデータ製品に転換させるもの。センサーを付ければ、モノ（錠剤のように小さなものから、建物のような巨大なものでも）はデジタル製品のように働きだす。使用頻度データや位置情報や状態、遠隔から追跡、制御、パーソナル化、更新などが可能になる。さらにビッグデータ解析や人工知能技術の進歩と組み合わせることにより、インテリジェントになり、予測可能になり、協調可能になり、さらにある場合には自律化する。我々の世界とやりとりする完全に新しい方法が生まれる。

- エコシステムがまだ成熟していない。IoTはデバイスがただインターネットにつながれば良いというのでなく、デバイス同士がシームレスにつながる必要がある。だが現在は、大ざっぱに言って相互互換性はないといってよい。あまりに

も多くの標準が存在し、それに対し多くの人々が同意しない。セキュリティやプライバシーについてもまだ取り組みは始まったばかりだが近い将来には最優先項目になるだろう。ドローンや自動走行車のように新しい規制や法律が必要なものもあり、問題の解決には時間がかかる。

- IoTはインターネットのようにビットだけで成り立っているわけではない。アトム、つまり物質からも成り立っている。インターネットは、すべてがソフトウェアであり、まったく新しい世界を創り上げたという非常にユニークな機会であったため、摩擦が非常に少なかった。それに比べてIoTは、その足を我々の日常の現実に植えつけなければならず、物理法則や距離や時間に対応する必要がある。

- ARやVR、ドローンといったまったく新しいもの以外はすでにあるアナログなモノを置き替えなければならない。その結果、IoTが大量に採用される時期は、すでにあるモノの置き替えサイクルに依存する。技術オタクや早期導入層を除くと、消費者や企業が既存の製品を一夜で取り替えることなどありえない。特にそれが高価ならなおさらだ。スマートフォンを2年ごとに取り替える消費者は多いが、錠前やキッチン製品や自動車は10年以上使う。産業分野なら機械は15年から20年は使われる。もちろん多くのスタートアップがIoT製品を既存のモノに取り付けることに取り組んでいる。しかし、真のIoTワールドへ移行するためには、はじめからコネクティビティが組み込まれた次世代の住宅や自動車や工場が現れるまで終わらない。それまで、数多くのアップグレードが必要になるだろう。

- 2016年初めにおいてIoTのスタートアップが爆発的に出てきてから3〜4年が経つ。(実は以前にもブームがあったが、それは失敗だった。正確には今度のブームは2度目。)

- IoTランドスケープは、ビルディング・ブロック、水平市場、垂直市場に分けられているが、水平市場の企業の上に垂直市場の企業がうまく統合されているわけではない。それどころか現在のスタートアップ企業の特徴として、どこも下

から上までを兼ね備えた「フルスタック」のIoT起業が目立つ。主要な水平市場向けプラットフォームが確立しておらず、成熟して安価で信頼性の高い部品もないので、スタートアップ企業はハード／ソフト／データ解析などを自前でやる傾向が強い。

なお、このIoTランドスケープには、多くのコメントが寄せられており、必ずしもすべてを把握しているわけではなく、不完全な点も指摘されているが、具体的にIoT業界を展望するのに役に立つ。

IoT標準化組織のランドスケープ

一方、EUは2015年にIoTのエコシステム育成のためにThe Alliance for Internet of Things Innovation（AIOTI, http://www.aioti.org/）を創設した。この組織ではさまざまなワーキンググループがあるが標準化ワーキンググループWG3は、IoT関連の標準化組織を分野別にランドスケープを描いている[2]。

① **「IoT標準化組織とアライアンスのランドスケープ（技術とマーケティング次元から）」**（図3）

横軸の左側に消費者向け（B2C）、右側に産業向け（B2B）を、縦軸の上側にサービス／アプリ、下側に接続性を置き、IoT標準化組織の地図を描いている。必ずしもこれにとらわれることはないが、一つの解釈として参考になる。

② **「IoT標準化組織とアライアンスのランドスケープ（垂直市場と水平市場ドメイン）」**（図4）

IoT標準化組織を、分野別の垂直ドメインと幅広い水平ドメインに分けて分類している。分野別の垂直ドメインはホーム／ビルディング、製造／工業オートメーション、車両／交通運輸、ヘルスケア、エネルギー、都市、ウェアラブル、農業／食品に分かれている。下には水平ドメインの通信が位置している。

③ **「IoTのオープンソース・イニシアティブ（技術とマーケティング次元から）」**（図5）

IoTのオープンソース推進組織を、やはり横軸の左側に消費者向け（B2C）、右

IoT業界 最新動向

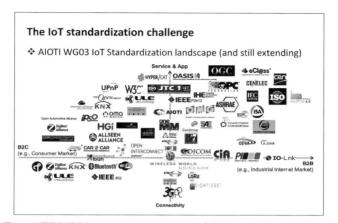

図3　IoT標準化組織とアライアンスのランドスケープ（技術とマーケティング次元から）
出典：p.7 http://ec.europa.eu/information_society/newsroom/image/document/2015-44/11_heiles_11948.pdf

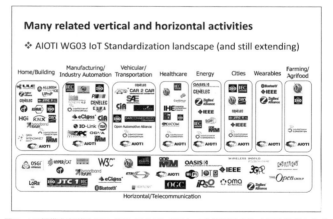

図4　IoT標準化組織とアライアンスのランドスケープ（垂直市場と水平市場ドメイン）
出典：p.8 http://ec.europa.eu/information_society/newsroom/image/document/2015-44/11_heiles_11948.pdf

185

❺ IoT×オープンデータ：業界動向

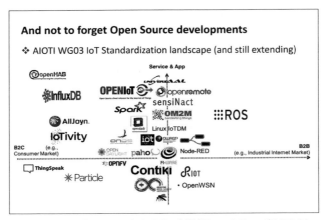

図5　IoTのオープンソース・イニシアティブ（技術とマーケティング次元から）
出典：p.9 http://ec.europa.eu/information_society/newsroom/image/document/2015-44/11_heiles_11948.pdf

側に産業向け（B2B）、縦軸の上がサービス／アプリ、下が接続性として、業界地図を描いている。

Gartnerの予測するこれから2年間のIoT重要技術トップ10

　Gartnerは、2016年2月末に2017年と2018年に注目すべきIoT技術トップ10を次のようにあげている[3][4]。

① IoTセキュリティ
- モノのなりすましやDenial-of-Sleep攻撃でバッテリーを消耗させるといった新しい脅威への対応が必要。
- 多くのモノに実装されているシンプルなプロセッサとOSは、高度なセキュリティに対応していない。
- 経験豊富なIoTセキュリティ専門家の数は少なく、セキュリティソリューション間の連携はなく、複数のベンダーが混在。
- ハッカーはIoTデバイスとプロトコルへの新たな攻撃法を見いだし、2021年末までにさまざまな新しい脅威が出現。

- それゆえに、耐用年数が長いモノは、ライフサイクル全体を通じてアップデートしていくことができるハードウェアとソフトウェアが必要になる。

② **IoTアナリティクス**
- IoTには新しい解析手法が必要。従来の手法との乖離が強まりつつある。

③ **IoTデバイスマネージメント**
- 長期使用されるIoTデバイス＝モノの管理には監視と管理が必要で、それには相当のコストが伴う。IoT管理ツールは、モノが普及すれば数百万のモノを管理する必要に迫られる。

④ **低消費電力短距離IoTネットワーク**
- IoTデバイスの無線接続は、到達距離、バッテリー寿命、帯域幅、終点コストおよび運用コストなどさまざまの要件のバランスを考える必要がある。
- 低消費電力短距離IoTネットワークは、2025年までは数の上で広域IoTネットワークを大きく上回る。

⑤ **低消費電力広域ネットワーク（LPWAN）**
- IoTアプリケーションは、広い範囲をカバーし、低い帯域幅、長寿命バッテリー、低価格ハードウェアコスト、低運用コスト、高い接続密度などの特徴があり、従来の携帯電話向けの移動通信網では、うまく対応できない。
- 数百bpsから数十Kbpsの速度を実現、全土をカバー、バッテリー寿命最低10年、低価格な末端ハードウェア価格（5ドル前後）、基地局に接続している数十万のデバイスのサポートなどの要件を満たす必要がある。
- 低消費電力広域ネットワーク（LPWAN）は、特定のベンダーの技術（SigFoxやLoRaを指す）が当初は普及するが、NB-IoTのような業界標準技術が長期的には優位になる。

⑥ **IoTプロセッサ**
- さまざまなトレードオフを考慮する必要があるので、プロセッサの選択には深いスキルが求められる。

⑤ IoT×オープンデータ：業界動向

⑦ **IoTオペレーティングシステム**
- 異なるサイズのハードウェアと機能のニーズをサポートするために、IoT固有の多様なOSが多数開発されている。

⑧ **イベント・ストリーム処理**
- 一部のIoTアプリケーションでは、超高レートのデータを生成。生成イベント数は、毎秒数万は一般的で、通信環境やテレメトリー応用では毎秒数百万になることも。そのような環境をサポートするために分散ストリーム・コンピューティング・プラットフォーム（DSCP）が登場。並列アーキテクチャを採用することにより、リアルタイム分析やパターン認識の実行に伴う超高レートのデータストリームを処理。

⑨ **IoTプラットフォーム**
- IoTプラットフォームのサービスは、「低レベルなデバイス管理と運用」「IoTデータの取得、変換、管理」「IoTアプリケーションの開発」の三つに大きく分けられる。

⑩ **IoT標準とIoTエコシステム**
- 多くのIoTビジネスモデルは複数のデバイスと組織においてデータを共有することに依存している。
- IoTエコシステムを発展させるには、相互接続に関する標準およびAPIが不可欠。
- 多くのIoTエコシステムが現れ、エコシステム同士で戦いが繰り広げられる。
- IoT製品メーカーは、複数の標準やエコシステムをサポートする派生品を開発するとともに、製品のライフサイクルにおいて、標準の進化や新しい標準並びに関連APIに対応できるように、製品を常に更新できるようにしておく必要に迫られる。

IoTの定義のあいまい化

　新聞や雑誌では分野を問わず「IoT」と銘打った記事がいたるところで並び、「AI」とならんでバズワード化している。これは日本だけにおける現象だけでなく、海外でもIoTの定義があいまいになりつつある。米国商務省は、2016年4月にIoT振興のため意見を広く募集した[5]。たとえば、IEEE-USA（IEEE米国支部）がIoTの定義について6月に次のように回答している[6]。

　「IoTは非常に幅広くあいまいな定義だが、もともと何が含まれるかの明確な定義がなく、非常に多くの技術が含有される。これは必ずしも悪い定義ではなく、大変便利な言葉で"つながる"という意味が入っていて、技術の源の期待と挑戦を指している。さらに、政府、産業界、学界も誰もIoTがどうなるか知らない。誰もがIoTが実際にどうなるかを知る前に、定義を狭めるのは賢くない。幅広いあいまいな意味を続けるのを勧めるが、トピックを運輸交通、個人通信、センサーのように分野別にサブセット化することを勧める。そのほうが、扱いやすいからである。」

IoTの有効分野

　IoTが有効な分野については、たとえば、コンサルタント会社Booz Allen Hamilton Inc.がやはり米国商務省の質問に答えて6月に回答している[7]。

- 運輸交通

　車両をつなぎ、自動化する。インフラや他の車両と通信し、安全性を向上し、待ち時間をなくし、交通事故を減らす。

- エネルギー

　エネルギー供給者、電力網、最終顧客からの情報を統合し、コストを削減し、信頼性を上げることによりシステム全体を向上し、保護する。消費者は電気をより効率的に利用し、エネルギー会社は、エネルギー供給と負荷をよりよく管理し、ピーク価格や破綻を防ぐ。また供給会社は、リアルタイムデータ収集と予測的アナリティクスにより、電力網に問題が生じる前に対処する。

⑤ IoT×オープンデータ：業界動向

● ヘルスケア

患者や病院環境をより深く観察し、所見を得ることができる。たとえば、手術後の患者をリモートで監視・管理することにより再入院率を減らしたり、医師が適切な滅菌を行っているか追跡することにより感染率を減らしたり、患者データを特定の場所からのみアクセスを可能にしたりすることで保護するなど。

● 製造

プラント全体に張り巡らされたセンサーやダッシュボードにより、機械の性能についての洞察を深められる。データサイエンスによる予測的メンテナンスにより、故障が起こる前に修理したり、AR（拡張現実）技術により自動的に作業者に仕事を割り振ったり、各種パラメータをリモート監視することにより、技術者を離れた場所に送る必要がなくなる。

● 公共の安全

都市全体のIoT化により、緊急人員が事件を発見し、犯罪や災害や重要インフラへの脅威に対応するアウェアネス（気づき）を向上できる。たとえば、街灯に取り付けられたセンサーにより、発砲を通報されて警官が出動する前に検知したり、ビルの各階のセンサーに設置することにより、火災時にどの階に人がいるかをいち早く知ったりすることができる。

● 設備

コネクテッドシステムや予測的アナリシスにより、部屋の利用、室内温度などをいち早く知り、ビル管理者がエネルギーを削減したり、会議室のような資源の利用率を最大にしたりすることができる。

消費者向けよりは産業への応用が優先で優等生的ではあるが平均的な回答であろう。

消費者向けIoTは話題の割に道半ば

　IoTが話題になって5年近くになるのに、サクセスストーリーがなかなか現れないという指摘が増えている。

　特に消費者向け製品は売れていない。あれば便利で悪くないけれども誰もが必要とするものではない。Scientific American7月号のコラム[8][9]は、売れないIoTとして「トイレットペーパーが空になったら知らせてくれるホルダー」「残りの卵の数や卵の鮮度が落ちたことをスマホに知らせてくれる卵トレイ」「濡れたらスマホに知らせてくれるおむつ」「飲んだ水の量を知らせてくれるボトル」「跳んだ回数をBluetoothを介して知らせてくれる縄跳び」「植えた植物の水分、肥料、温度、光量などをスマホに15分毎に知らせてくれるセンサー」、「ペットとビデオチャットができ、しかも遠隔で餌やりができるディスペンサー」などを例にあげている。

　そして、消費者向けIoT製品は「Internet of Poor Sales」となっているとする。理由として、現在の消費者向けIoT製品は必ずしも使いやすくないという。まず、購入したらアプリをダウンロードして、アカウントを開設して、Wi-Fiに接続してと設定が意外に大変。あっという間にできることもあれば、休日がつぶれてしまうこともある。

　そして、アプリ同士の互換性がなく、IoTによるバベルの塔になっているとする。照明の制御にあるアプリを立ち上げ、スピーカーの音量を変えるのに別のアプリ、室温を変えるのにも別のアプリが必要といった調子だ。業界は、問題がわかっているので標準化を進めているが、いくつもの標準が存在して戦っており、それらを統合しようとするとまた新しい標準化の戦いが起きるとする。

　その中でも比較的商用化に成功しているAlphabet（Google）傘下のNestとAmazon Echo/Alexaは、よく取り上げられる。前者ははじめのうちは脚光を浴びたものの最近はつまづきが目立つ。

　Nestは、ホームオートメーション製品で、サーモスタットや警報機、防犯カメラなど、生活空間の実世界が対象。一方、Amazon Echo/Alexaは物理的な製品としてはスピーカーであるが、要となるのは音声によるアシスタント機能。

⑤ IoT×オープンデータ：業界動向

コンピュータのユーザインタフェース技術として音声が実用になってきたことが背景にあり、モノを特に持ち出す必要はない。つまり、アトムの世界よりはビットの世界に重きを置いた製品だ。だから、今までに例がなく、人々は抵抗なく受け入れやすいのかもしれない。やはり、IoT製品がアトムの世界へ進出するにあたっては、既存のアナログ製品を置き換えるために時間がかかるのかもしれない。それではどうしたらよいか。明確な解はない。まだまだ多くの試みが必要のようだ。下手な鉄砲も数打ちゃ当たる。うまく行かなくてもあきらめずに挑戦を続ける必要がある。

Alphabet（Google）傘下のNest Labs[10]

消費者向けIoTでは、Googleが2014年初頭32億ドルで買収したNest Labsの学習型サーモスタットNestが成功例とされていた。しかし、近年数々のトラブルに見舞われ、2016年6月3日にはCEOが辞任するまでになった。

Nest Labsはセントラルヒーティング用の学習型サーモスタットを2011年に製品化した。AppleでiPodを開発したとされるTony Fadellが独立して創業。単なる室内温度調節と家庭の省エネルギーのために、サーモスタットにスマートホンレベルのCPUとGPUを載せて、使いやすさを追求。Wi-Fiを通してインターネットに接続するとリモートコントロールやエネルギーレ

図6　Nest学習型サーモスタット（第三世代）

ポートなどの機能を利用できる。また換気扇、照明器具、警報機、電子錠、ホームセキュリティシステムなど他社の製品との連携動作が可能。発売当時は、新世代組込み機器の典型とされた。250米ドルとサーモスタットとしては高価だったが、1年間で数十万台を販売。「ホーム・エネルギー管理のアップル」と言われるまでになった。また2013年には、煙、一酸化炭素検知器 Nest Protectを発表、2014年には監視カメラメーカーのDropcamを買収し、Nest CamとしてNestの他の製品と連携するようになった。

家庭用IoTの先駆けとして見られたが、サーモスタットのバッテリーが上がってしまったり、温度調節がうまく働かなかったり、それがなかなか直らないなど数々のトラブルに見舞われた。また買収したホームオートメーションや防犯カメラのメーカーとの軋轢もあった。

Nest Labsの問題は経営者にあるかもしれない。しかしトラブルに見舞われる根本原因はまだ市場が小さいためとされる。Forrester Researchの調査では米国の家庭の6%しかインターネットに接続された家電製品や家庭監視システムを所有しておらず、2021年になっても15%しか増加しないとされ、スマートホーム技術が少なくともここ数年間はあまり必要とされないという。この指摘が当たっているなら、消費者向けのIoT製品の普及の道はまだまだだ。

Amazon Echo[11]

スマートスピーカー／音声アシスタントのAmazon Echo/Alexaが調査会社によると発売して1年足らずで300万台以上の売れ行き。「音声アシスタントがこれからの成功例」ともてはやされ、他社も追随の傾向。

Amazon Echoは、米国で一般向けに2015年6月（プライムメンバー向けには、2014年11月）に発売された高さ9インチ、直径3.25インチの円筒型のワイヤレススピーカー。Wi-FiとBluetoothでつながる。価格は180米ドル。音楽を流す以外にマイクロホンアレイが内蔵されており、"Alexa"などと呼びかけると音声アシスタントAlexaが起動し、さまざまな応答をする。

現在は英語のみ。サーモスタットと組み合わせて室温を設定したり（「室温を○○度に」）、照明をON/OFFしたり（「一階の明かりを消せ」）、好きな曲をかけたり（「Pandraの今日のヒットをかけてくれ」）、そのほか天気予報、ニュー

5 IoT×オープンデータ：業界動向

図7　Amazon Echoファミリー。左端はDot。右端はTap、その左がAmazon Echo

スなどなど。

　販売台数は公表されていないが、2016年4月に調査会社Consumer Intelligence Research Partnerが300万台を販売したと発表。2015年のホリデーシーズンに100万台販売したとされ、Amazon.comで38,000人がレビューしており、5点満点中の4.5点。その後、より小型のDot（130米ドル）やTap（90米ドル）を発売した[12]。

　AlexaはAPIがAlexa Skills Kitで開放されているため、外部開発者が利用し、アプリ＝スキルを増やせる。2016年1月には135だったものが6月には1,000を越えている。音声で宅配ピザを頼んだり、Uberで車を呼んだり、スマートホーム向けプラットフォームSmartThings（Samsungが2014年に買収したホームオートメーションシステム）を音声で制御するなど、さまざまな可能性がある[13]。中には音声を使いAmazonで簡単に買い物できるスキルもある[14]。

　Amazonの研究所Lab126で開発され、空前の大失敗となった独自スマートフォンFire Phoneの反省から生まれたと報じられる[15]。Amazon CEOのJeff BezosはAlexaには1,000人もの人が関わっており、同社の四つ目の柱として期待できるとした[14]。

　Googleも類似のGoogle Home[注1]で追随するとGoogle I/O 2016で発表した。

注1）　2016年11月に米国で発売された。129米ドル。英語のみ。

産業向けIoTへの注目高まる

　消費者向けIoTは、消費者が便利と思ったりクールと感じたりする嗜好性に頼っているのに対し、産業向けIoTは、システムの効率向上やコスト削減など数字がすべてで、それに徹することができる。そのため、さまざまな試みが行われており、それゆえメディアでの報道なども産業向けが増えている。

　特に産業向け産学官コンソーシアムIndustrial Internet Consortium[16]に注目が当たる。ドイツの国策プロジェクトIndustry 4.0よりも目標が明確で分かりやすい。

標準化フレームワーク

　2015年の論文"A Survey of Commercial Frameworks for the Internet of Things"[17]によるとIoT用の商用フレームワークは以下のように分類できるという。著者はスウェーデンとオーストリアの人なのでEUからの見方が入っている。

- A. ホームオートメーション用IoTフレームワーク
    1) IPSO Alliance
    2) IoTivity
    3) AllJoyn
    4) Thread
- B. Arrowhead
- C. Open Mobile Alliance-Light Weight Machine to Machine (OMA-LWM2M)
- D. 他のフレームワーク
    - Industrial Internet Consortium
    - Smart Energy Profile 2.0 (SEP2.0)
    - AXCIOMA (by Remedy IT)

　IPSO Allianceは2008年に設立された老舗のIoT標準化フレームワーク[18]。IoTという言葉が流行る前に「スマートオブジェクト（SO）をIP技術で実

現すること」を目標としてきた。IETF（Internet Engineering Task Force）と協力して6LoWPAN（シックスローパン）（IPv6 over Low-Power Wireless Personal Area Network）（→P.110）、CoAP（コープ）（Constrained Application Protocol）、SenML（Sensor Markup Language）などの標準化を進めた。IPSO Allianceのフレームワークの上にIoTivityやOMA-LWM2Mの他のフレームワークが築かれた。

IoTivity、AllJoyn、Threadはここ数年で生まれた有力なフレームワークで後述する。

Arrowheadは、EUにおける製造、スマートビルディングとインフラ、Eモビリティ（電気自動車の普及促進）、エネルギー製造とエネルギーの仮想市場の5つの分野においてネットワークされた組込みデバイスで協調自動化を推し進めるSOA（Service Oriented Architecture）フレームワーク[19]。産業向けIoT標準化のひとつ。EUのARTEMIS計画から資金を得ている。

Open Mobile Alliance-Light Weight Machine to Machineは、携帯電話のコンソーシアムが策定するM2MやIoTのプロトコルを定めたフレームワーク[20]。CoAP上に築かれている。

Industrial Internet Consortiumは、GEの提唱するIndustrial Internetの普及のために設立された産業用コンソーシアムで後述する。

Smart Energy Profile 2.0は、もともとZigBee Allianceから生まれたスマートメータエネルギー管理標準。SEP 1.XはZigBee機器向けだったが、SEP 2.0はオープンなIPプロトコルになった。

AXCIOMAは、オランダのRemedyIT社のIoTを実現する分散リアルタイムコンポーネント技術。Object Management Group（OMG）の11個のオープン標準（LwCCM、DDS、DDS4CCM、AMI4CCM、CORBA、IDL、IDL2C++11、RPC4DDS、DDS Security、DDS X-Types、D&C）を採用している[21]。

IoT標準化グループの問題点

IoT標準化グループは、ここ数年いくつもが名乗りをあげたが、各規格の実用化はあまり進んでいない。企業は機会損失を防ぐために複数の標準化グループに加入することになってしまう。

特に、有力とされるIoTフレームワーク標準化グループのOpen

Connectivity Foundation（OCF）とAllSeen Allianceは、一緒になって欲しいという希望が増えている。OCFはIoTivity、AllSeenはAllJoynという規格を普及させようとしており、アーキテクチャ上の違いはあるものの、両者ともLinux Foundationと共同で標準化を推し進めてきており、相互互換性を取る方向で模索されている[注2]【22】【23】。

IoTivityを推進するOCFはOpen Interconnect Consortium（OIC）が2016年2月に、改称したもの。また、OICは2015年11月にUniversal Plug and Play[注3]（UPnP）Forumの資産を受け継いだので、OCFがUPnP規格を担当している。OICには、AllSeen Allianceのメンバー企業も多く入るようになった。

AllSeenはQualcommの持つ技術の普及のためHaier、LG、Panasonic、SHARP、Ciscoなどが会員として設立された。AllSeen設立の7ヶ月後にOICがIntel、Atmel、Dell、Samsungなどが会員となり設立された。

OIC設立直前にMicrosoftはAllSeenに加入している。その後、OICにはAllSeenの有力メンバーのQualcomm, Microsoft, Electroluxが加入し、合併の機運が高まっている。

有力IoTプラットフォーム標準化グループ

① Open Connectivity Foundation（2014.7.8設立）

Open Interconnect Consortiumとして2014年7月8日に設立された。2016年2月19日にOpen Connectivity Foundationに変更。

IoTデバイス同士の相互運用性を確保することを狙っている。具体的には無線通信で機器間をつなぐための仕様を策定、オープンソースの実装例を開発し、仕様準拠を認証する仕組みを作ることにある。

まずオフィスや家庭がターゲット。会議室で各人のスマートフォン、タブレット、PCの画面共有をセキュアに行うあたりからはじめ、その後、自動車、医療用、産業機器／装置などに広げた。

Qualcomm主導のAllSeen Allianceと競合するが、Qualcommという一企業の規格に基づくのでなく、企業間で協調的に仕様を決定。知的所有権で多く

注2) OCFとAllSeen Allianceは、2016年10月に合併が発表された。
注3) 機器を通信ネットワークにつなぐと設定作業を行わずに他の機器と通信したり、機能を利用したりできる規格。ISO/IEC 29341となっている。

の半導体メーカーがQualcommを全面的には信用していないという背景があった。AllSeen Allianceに比べてセキュリティを重視することを特徴としている。

創立メンバーは、Atmel、Broadcom、Dell、Intel、Samsung Electronics、Wind River Systems（Intel子会社）である。その後、CISCO、Mediatek、ADT、Dell、Eyeball Network、HPなどが加わった。Broadcomは創立メンバーであったが、知的所有権の点でほどなく脱退。

2016年2月19日にOpen Connectivity Foundationに変更したときには、Microsoft、Electrolux、そしてQualcommが加入した。

現在はオープンソースの仕様とリファレンス実装のIoTivityを普及させることを第一目的としている。IoTivityはオブジェクトとリソースモデルを採用し、CoAP上に構築されている。

② **AllSeen Alliance（2013.12.10設立）**[24]

Qualcomm Innovation Center, Inc.が開発したAllJoynソフトウェア／サービスフレームワークをベースに相互運用性のあるデバイスやサービスを実現するためのオープンソフトウェアフレームワークの開発を目的としている。Linux、Android、iOS、Windowsといったプラットフォームで動作し、Linux Foundationが事務局になっている。

AllJoyn[25]の原型は、Qualcommが2011年から開発を進めているP2P型のデバイス接続フレームワークにある。その後、Linux Foundationにコードを提供しオープンソース化された。ディスカバリー機能が特徴で、新しく機器がネットワークに接続された場合、その機器がどのような機能やインタフェースを持っているかを常に学習し、動的にシステム構成を変えられる。スマートホーム機器や家電製品同士の連携や相互運用に役立つとされる。

AllJoyn仕様の製品はスマートホーム製品やTVなどすでに数百万台単位で市場に出回っているとする[26]。だがまだまだ普及しているとはいいがたい。

メンバーは200社以上であり、プレミアメンバーには、LG Electronics、Philips、Qualcomm、SHARP、Silicon Image、TP-LINK、Technicolor、Microsoft、SONY、Haier、Canonなどがいる。

③ Thread Group（2014.7.15設立）[27] [28]

学習型サーモスタットのNest Labsの開発した6LoWPANベースのロバストなIoT向け無線メッシュネットワークプロトコル「Thread」の普及を目的としている。AllSeen AllianceやOpen Connectivity FoundationのようなIoT向けプラットフォームの策定が目的ではない。仕様はオープンでなく、入手は有償である。

2.4GHz帯で250KbpsのIEEE 802.15.4のPHY（Physical）層とMAC（Media Access Control）層を利用している[29]。

メンバーは、Samsung Electronics、Nest Labs（Google子会社）、ARM、Freescale、Big Ass Fans、Silicon Labs、Yale Securityなどである。

④ Industrial Internet Consortium（2014.3.27設立）[30] [31]

産業向けIoTに関する産官学コンソーシアムであり、GEのIndustrial Internet構想の普及促進を目的としている。特にエネルギー、医療、製造、運輸、行政の5分野に力を入れている。

運営は、必ずしもGE主体ではない。ただ同社が進めているクラウドベースのIndustrial Internet向けのPaaS（Platform-as-a-Service）であるPredixが採用されるケースもある。

商品化やサービス化につながる各分野のユースケースを開拓し、テストベッドを構築することが目的であり、すでに20ものテストベッドを運用している。

たとえば、Condition Monitoring and Predictive Maintenance Testbed（CM/PM）は工場の機械などを各種センサーで常に監視し、性能の低下がみられたら故障する前に対処するいわゆる予測メンテナンスのテストベッドである。

2016年6月現在、最新のテストベッドは、Smart Airline Baggage Management Testbedである。顧客の荷物の盗難や紛失を減らすための、スマートバッグ追跡管理予測のための統合システムのテストベッドになっている。GEの産業IoT向けクラウドベースのプラットフォームPredixを利用し、Oracleが同社のOracle Airline Data Model上に構築した航空アプリケーションを提供している。荷物のリアルタイム追跡管理は、Bluetooth、携帯、Wi-Fiの技術を組み合わせる[32]。

標準化組織ではなく、新しい仕様は作らない。運営は、標準化団体の

Object Management Groupが行っている。

創立メンバーはIntel、IBM、Cisco Systems、GE、AT&Tの5社。2016年6月現在、メンバーは30カ国の250社以上になる。

日本企業はFujitsu Limited、Hitachi Ltd、Toshiba、Toyota Motor Sales、Mitsubishi Electric Corporation、NEC Corporation、Fujifilm Corporationなど。

IoT向け通信規格

携帯向け通信が速度や帯域幅を求めて4Gから5Gへの進化を模索する一方で、IoT向け通信として低速度、低消費電力で広域をカバーする無線通信技術LPWAN（Low Power Wide Area Network）またはLPWA[注4]（Low Power Wide Area）が注目を浴びている。長期間放置した状態で利用されるセンサーをはじめとする各種IoT機器での利用を想定しており、速度は0.1Kbpsからたかだか1Mbpsだが、電池寿命が10年から20年と長い。

先行するフランス・ラベージュのベンチャー企業SigFox社のSigFox（通信速度100bps台）[33]、米国のLoRa AllianceによるLoRa[注5]（通信速度10Kbps台）[34]は免許不要帯域（たとえば米国では915MHz、欧州では868MHz）で運用される。

一方で、免許帯域で運用されるIoT向けの三つの移動通信規格NB-IOT、eMTC、EC-GSM-IoT（Extended Coverage GSM）が2016年6月に移動体通信の標準化団体3GPPで承認された（図8）。主な特徴は以下のとおり[35]。

eMTC（enhanced Machine-Type Communications, LTE Cat M1）

M2M向けのLTEの拡張。
- 低コスト
- 長電池寿命　5Whで10年目安
- 帯域 1.8MHz
- 到達距離により10Kbpsから1Mbpsまで可変レート
- LTEスペクトラムのどこでも運用可能

注4) 日本ではLPWAが使われるが、表記がプロレス団体と重なるため欧米ではLPWANが一般的である。
注5) 米国の半導体メーカーSemtechが、2012年に買収したフランス・グルノーブルのCycleo SASの技術を基に発展させた。

	eMTC (LTE Cat M1)	NB-IOT	EC-GSM-IoT
Deployment	In-band LTE	In-band & Guard-band LTE, standalone	In-band GSM
Coverage*	155.7 dB	164 dB for standalone, FFS others	164 dB, with 33dBm power class 154 dB, with 23dBm power class
Downlink	OFDMA, 15 KHz tone spacing, Turbo Code, 16 QAM, 1 Rx	OFDMA, 15 KHz tone spacing, TBCC, 1 Rx	TDMA/FDMA, GMSK and 8PSK (optional), 1 Rx
Uplink	SC-FDMA, 15 KHz tone spacing Turbo code, 16 QAM	Single tone, 15 KHz and 3.75 KHz spacing SC-FDMA, 15 KHz tone spacing, Turbo code	TDMA/FDMA, GMSK and 8PSK (optional)
Bandwidth	1.08 MHz	180 KHz	200kHz per channel. Typical system bandwidth of 2.4MHz [smaller bandwidth down to 600 kHz being studied within Rel-13]
Peak rate (DL/UL)	1 Mbps for DL and UL	DL: ~250 kbps UL: ~250 for multi-tone, ~20 kbps for single tone	For DL and UL (using 4 timeslots): ~70 kbps (GMSK), ~240kbps (8PSK)
Duplexing	FD & HD (type B), FDD & TDD	HD (type B), FDD	HD, FDD
Power saving	PSM, ext. I-DRX, C-DRX	PSM, ext. I-DRX, C-DRX	PSM, ext. I-DRX
Power class	23 dBm, 20 dBm	23 dBm, others TBD	33 dBm, 23 dBm

* In terms of MCL target. Targets for different technologies are based on somewhat different link budget assumptions (see TR 36.888/45.820 for more information).

図8　標準化団体3GPPで承認された新しいIoT向け移動体通信規格NB-IOT、
eMTC (LTE Cat M1)、EC-GSM-IoT
出典：http://www.3gpp.org/images/articleimages/iot_large.jpg

- 他のLTEサービスと共存
- 既存のLTE基地局はソフトウェア更新で再利用可能

NB-IOT (Narrow Band IoT)

ローエンド市場向けの新しい規格。

- eMTCよりもさらに低コスト
- 長電池寿命 5Whで10年目安
- 狭帯域 180KHz
- 低速度 下り 62Kbps、上り 26Kbps [36]
- 1セルあたり50,000以上のデバイスをサポート

EC-GSM-IoT (Extended Coverage GSM-IoT)

第2世代のGSM/EDGE規格のIoT向け拡張。省エネモード。

- GPRS/GSMデバイスより低コスト
- 長電池寿命 5Whで10年目安
- GMSKで到達距離により350Kbpsから70Kbps
- 1セルあたり50,000以上のデバイスをサポート

5 IoT×オープンデータ：業界動向

　また短距離IoTネットワークとして有力なBluetoothの標準化団体Bluetooth SIGはやはり2016年6月に新しい規格Bluetooth 5を発表した[37]。これはIoTを意識して策定されており、これまでのBluetooth 4.2に比べて、以下の特長を持つものとしている。

- 消費電力が変わらずに通信距離が2倍、またはデータ転送速度が4倍になる。（ただし通信距離とデータ転送速度は両立しない）

- ビーコンや位置情報、ナビゲーション向けを意識して一斉通信を行う際のデータブロードキャスト容量が800%になる。

- IoT利用を意識してこれまでのBluetoothと異なり、端末間でペアリングが不要なコネクションレス型接続機能を備える。

【参考文献】

[1] Internet of Things: Are We There Yet?（The 2016 IoT Landscape） Matt Turck, March 28, 2016
http://mattturck.com/2016/03/28/2016-iot-landscape/

[2] AIOTI: ALLIANCE FOR INTERNET OF THINGS INNOVATION
Workshop "Platforms for connected Factories of the Future"Brussels, October 5th 2015　AIOTI WG03 IoT Standardisation
Juergen Heiles, Siemens AG, Germany
http://ec.europa.eu/information_society/newsroom/image/document/2015-44/11_heiles_11948.pdf

[3] Gartner Identifies the Top 10 Internet of Things Technologies for 2017 and 2018
http://www.gartner.com/newsroom/id/3221818

[4] ガートナー、2017年のIoTテクノロジ・トレンドのトップ10を発表
企業がIoTの潜在価値をフルに引き出すことを可能にする10のテクノロジ
https://www.gartner.co.jp/press/html/pr20160311-01.html

[5] Comments on the Benefits, Challenges, and Potential Roles for the Government in Fostering the Advancement of the Internet of Things
https://www.ntia.doc.gov/federal-register-notice/2016/comments-potential-roles-government-fostering-advancement-internet-of-things

[6] IEEE-USA
https://www.ntia.doc.gov/files/ntia/publications/ieeeusa_comments_to_ntia.pdf

[7] Booz Allen Hamilton Inc.
https://www.ntia.doc.gov/files/ntia/publications/booz_allen_hamilton_response_final.pdf

[8] The Good, the Bad and the Weirdest "Internet of Things" Things
http://www.scientificamerican.com/article/pogue-the-good-the-bad-and-the-weirdest-internet-of-things-things/

【9】 The "Internet of Things" Needs a Fix
http://www.scientificamerican.com/article/the-internet-of-things-needs-a-fix/
【10】 Wikipedia:Nest Labs
https://en.wikipedia.org/wiki/Nest_Labs
【11】 Wikipedia: Amazon Echo
https://en.wikipedia.org/wiki/Amazon_Echo
【12】 Amazon adds the $130 Tap and the $90 Dot to the Echo family
https://techcrunch.com/2016/03/03/amazon-adds-the-130-tap-and-the-90-dot-to-the-echo-family/
【13】 Amazon Alexaのスキルが1000を突破（1月にはわずか135だったのに）
http://jp.techcrunch.com/2016/06/04/20160603amazon-alexa-now-has-over-1000-skills-up-from-135-in-january/
【14】 Alexa Wants You to Buy More Stuff on Amazon
http://fortune.com/tag/amazon-echo/
【15】 The Real Story of How Amazon Built the Echo
http://www.bloomberg.com/features/2016-amazon-echo/
【16】 Is the Internet of Things Dead?
http://www.automationworld.com/internet-things-dead?utm_campaign=IoT%2BWeekly%2BNews&utm_medium=web&utm_source=IoT_Weekly_News_75
【17】 A Survey of Commercial Frameworks for the Internet of Things
Hasan Derhamy et al.
2015 IEEE 20th Conference on Emerging Technologies & Factory Automation (ETFA)
http://www.arrowhead.eu/wp-content/uploads/2013/03/Survey___IoT_Frameworks.pdf
【18】 IoTの老舗団体「IPSO Alliance」は何を手助けするか
http://monoist.atmarkit.co.jp/mn/articles/1504/16/news035.html
【19】 Arrowhead:General Overview
http://www.arrowhead.eu/about/general-overview/
【20】 OMA LWM2M
https://en.wikipedia.org/wiki/OMA_LWM2M
【21】 AXCIOMA, the component framework for distributed, real-time and embedded systems
http://www.slideshare.net/RemedyIT/axcioma
【22】 Two key open source IoT frameworks get cozy
May 18, 2016 — by Eric Brown — 839 views
http://hackerboards.com/two-key-open-source-iot-frameworks-get-cozy/
【23】 Keynote: Ensuring IoT Devices and Solutions Work Seamlessly Together by Mike Richmond
https://youtu.be/FYzF1wa9lS8?list=PLGeM09tlguZRbcUfg4rmRZ1TjpcQQFfyr
【24】 AllSeen Alliance   https://allseenalliance.org/
【25】 AllJoyn   https://en.wikipedia.org/wiki/AllJoyn
【26】 Certified Products Directory
https://allseenalliance.org/certification/certified-products-directory
【27】 Thread Group   http://threadgroup.org
【28】 Thread（network protocol）
https://en.wikipedia.org/wiki/Thread_（network_protocol）
【29】 Thread White Paper
http://threadgroup.org/Portals/0/documents/whitepapers/Thread%20Stack%20Fundamentals_v2_public.pdf
【30】 Industrial Internet Consortium
http://www.iiconsortium.org/index.htm

5 IoT×オープンデータ：業界動向

- 【31】 Wikipedia: Industrial Internet Consortium
  https://en.wikipedia.org/wiki/Industrial_Internet_Consortium
- 【32】 INDUSTRIAL INTERNET CONSORTIUM ANNOUNCES SMART AIRLINE BAGGAGE MANAGEMENT TESTBED
  http://www.iiconsortium.org/press-room/06-07-16.htm
- 【33】 Wikipedia: Sigfox　　　https://en.wikipedia.org/wiki/Sigfox
- 【34】 What is LoRa?　　http://www.link-labs.com/what-is-lora/
- 【35】 3GPP Standards for the Internet-of-Things
  http://www.3gpp.org/images/presentations/3GPP_Standards_for_IoT.pdf
- 【36】 今後のIoT無線技術の本命「NB-IoT」の底力とは
  https://wirelesswire.jp/2016/04/52700/
- 【37】 Bluetooth 5、速度2倍または距離4倍に
  日経テクノロジーオンライン　2016年6月17日
  http://techon.nikkeibp.co.jp/atcl/news/16/061702631/

オープンデータと
Xプライズ方式コンテスト

　今やイノベーションには欠かせない仕掛けになった「オープンデータ」と「Xプライズ方式コンテスト」。
　その誕生とこれまでの経過を探り、最新情報から見えてくるこれからのイノベーションの姿を考える。

オープンデータの起源

　オープンデータには、大きな流れとして科学技術研究のデータと政府データの二つがある[1]。前者は最初から学術組織や国家レベルで行われたのに対し、後者は個人の活動が目立つ。ここでは広く一般に影響を与えた後者を見てみよう。

政府データのオープン化

　政府データのオープン化は開かれた政府を目指すオープンガバメント運動と大きな関係がある。一方で「オープンガバメントデータ」は、これらとは別で、政府内部のデータのオープン化を指し、Web2.0、政治キャンペーン、地方自治体内部でのイノベーションなどが関係している[5]。
　そのはじまりについては、2007年12月7日と8日にオープンガバメントを推進する30人がカリフォルニアのセバストポール市にあるO'Reilly Media本社に集まってワークショップを開き、「オープンガバメントデータ8原則」を起草したことが起源とされることが多い[2][3][4]。
　この集まりはCarl MalamudとTim O'Reillyが中心になって催された。Carl Malamudはインターネット草創期には日本でもよく知られていたインターネットの開拓者で、1994年末に世界初のインターネット（のみの非営利）

5 IoT×オープンデータ：業界動向

ラジオ局Internet Multicasting Serviceを立ち上げ、1996年には、インターネット上の世界博覧会Internet 1996 World Expositionを主催している。Malamudは、2007年4月に非営利団体Public.Resource.Orgを創設し、特に政府データのパブリックドメイン化運動を行っていた。たとえば、膨大な量の米国の判例法について公衆がフリーにアクセスできるデータベースの創設を目指して米国政府の法的意見の全文テキストを1880年に遡って出版しはじめた[7]。Tim O'Reillyは、コンピュータ技術書大手のO'Reilly Mediaの創立者でありオープンソース運動の推進に大きな役割を果たしたことで広く知られている。

この集まりにはインターネットに詳しい法学者であり、『CODE―インターネットの合法・違法・プライバシー』、『コモンズ―ネット上の所有権強化は技術革新を殺す』などの著書で知られるLawrence Lessig（当時Stanford Law School、現 Harvard Law School）も参加していた[6]。Lessigはこの集まりの後に、「オープンガバメントデータはちょうどオープンソースがソフトウェアに大きく影響を及ぼしたように、大きな役割を果たすだろう」[8]とコメントしている。

「オープンガバメントデータ8原則」（The 8 Principles of Open Government Data）は以下からなる[8][9]。

1. 完全である事（Data Must Be Complete）
2. 一次データであること（Data Must Be Primary）
3. タイムリーであること（Data Must Be Timely）
4. アクセス可能であること（Data Must Be Accessible）
5. 機械可読であること（Data Must Be Machine processable）
6. 非差別であること（Access Must Be Non-Discriminatory）
7. 非独占であること（Data Formats Must Be Non-Proprietary）
8. ライセンスフリーであること（Data Must Be License-free）

ワークショップを支援し参加もした非営利団体のSunlight Foundationは、2010年8月に8原則を発展させた10原則を発表している[12]。8原則をいくつか修正のうえ、9.永続性、10.利用コストが加わっている。

オープンデータ タイムライン

■ NPO、個人など　● 地方自治体　◆ 連邦政府、国家レベル

1957-1958	◆	地球観測年（International Geophysical Year） 科学データのフルおよびオープンなアクセス
2007.12	■	オープンガバメントデータ8原則 Carl Malamud、Tim O'Reillyらによる
2008	●	ワシントンDC Data Catalogを利用したコンテスト Apps for Democracy 賞金総額5万ドルで230万ドルの効果が評判を呼ぶ。2008年と2009年に開催
2009	●	NYC BigApps オープンデータを利用して市政を向上させるコンペとして定着。賞金2万ドル
2009.1.21	◆	米国オバマ政権誕生 透明性とオープンガバメントに関するメモ。オープンガバメントを目指すdata.govとchallenge.gov創設のきっかけ
2009.5.20	◆	米政府data.gov創設 47データセット
2009.5.20	◆	オバマ政権「オープンガバメントイニシアティブ」
2009.12.8	◆	オバマ政権「オープンガバメントに関する連邦指令」
2010.6	●	ロンドン交通局（TfL）地下鉄運行データオープン化
2010.6	■	一週間足らずで"Live London Underground map"始まる
2012.5.23	◆	オバマ政権「21世紀のデジタル政府」メモ発表
2013.5.9	◆	オバマ政権「政府情報のオープンデータ化を義務付ける大統領令」発令
2013.5.16	◆	オバマ政権「Project Open Data」
2014.4.28	◆	オバマ政権「オープンデータ法案」議会を通過
2015	●	NYC BigApps 2015 各4部門の優勝者に賞金2万5千ドルずつ。賞金総額12万5千ドル
2016.4	◆	米政府data.gov 16万データセット以上
2016.4	●	TfLのオープンデータで500アプリ駆動

1. Completeness
2. Primacy
3. Timeliness
4. Ease of physical and electronic access
5. Machine readability
6. Non-discrimination
7. Use of commonly owned standards
8. Licensing
9. Permanence
10. Usage costs

「オープンガバメントデータ8原則」が発表されてから、世界の多くの政府がオープンデータ運動に加わり、データを提供するプラットフォームを立ち上げた。研究者、ジャーナリスト、企業家に力を提供し、健康やエネルギー、金融、交通、地方自治などの分野でハッカソン、チャレンジコンテスト、アプリコンテストなどが活発化した[2]。

その中でも米国での動きが象徴的である。よく知られているようにオバマ大統領は就任した2009年1月21日の当日に、「透明性とオープンガバメント」と題するメモ[11]を発表し、「オープン性は民主主義を強め、政府における効率と効果を高める」とし「透明性」(Government should be transparent)、「国民参加」(Government should be participatory)、「協業」(Government should be collaborative)の原則に基づき、開かれた政府を作って行くとした。各省庁には、「オープンガバメント勧告」に従うべきだとし、3ヶ月の期間を与えた。大統領選に勝利したのが2008年11月上旬。それから、2ヶ月半しか経っていないし、「オープンガバメントデータ8原則」からもわずか1年と1ヶ月半しか経っていない。オバマ政権移行チームが周到に準備したものと思われる。

5月20日には、米政府の連邦機関により作られた「高い価値を持つ、機械可読のデータセット」というビジョンを持つdata.govが立ち上げられた。この日に提供されたデータセットはたった47個であったが、今では連邦政府の機関だけで16万近く（2016年4月現在、https://www.data.gov/metrics）

オープンデータとXプライズ方式コンテスト

data.gov
http://www.data.gov/

に達している。また同じ5月20日には、オープンガバメントイニシアティブ（Open Government Initiative）が正式に発表されている。そして12月8日は、オープンガバメントに関する連邦指令（Open Government Directive）を正式に発表している。2012年5月23日には、ホワイトハウスは「21世紀のデジタル政府」（Building a 21st Century Digital Government）メモ[18]を発表している。さらに、2013年5月9日には、政府情報のオープンデータ化を義務付ける大統領令（Executive Order -- Making Open and Machine Readable the New Default for Government Information）[19]を出している。1週間後の5月16日には、Project Open Data[20]が始まった。2014年4月28日には、"Digital Accountability and Transparency Act"[21]が議会を通過している。

そして、2013年のG8コミュニケではオープンデータ憲章（Open Data Charter）が合意され各国政府のオープンデータ化政策が積極化した[13]。

2009年頃の地方自治体のオープンデータの動き

2008年に始まったワシントンDCのApps for Democracyの効果がきっかけとなって国内や世界の自治体に広まっていった[22]。Apps for Democracyワシントンn DCは、2008年より始まった。このコンペの始まりについては後

5 IoT×オープンデータ：業界動向

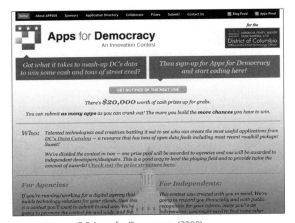

DC Apps for Democracy (2008)
https://web.archive.org/web/20081016090803/http://www.appsfordemocracy.org/

に詳しく触れるが、要はワシントンDCのデータを利用したアプリケーションのコンペである。2008年はたったの30日間で47のアプリの応募があった。賞金などに5万ドルかけたが、230万ドル相当のアプリが登場して大成功だった。Apps for Democracy 2008年コンペで登場したさまざまなアプリの中には歩行者向けアプリ、駐車場アプリ、安全度（犯罪率）表示アプリなどがあった。翌年の Apps for Democracy 2009年コンペは、アイデア募集とアプリ開発に分けて半年かけた。1位は「信号が壊れている、ゴミが溜まっている」などの現場情報をiPhoneから市に通知できるアプリ。通報者同定にはSNSのFacebookを利用していわば「信頼担保」もクラウドを利用した。またワシントンDCが提供するプログラムから市のサービスにリクエストできる"Open311"APIを利用した。

ニューヨーク市も2009年より同様のコンテストNYC BigAppsを開始。ニューヨーク市がデータを公開している"NYC DataMine"のデータを利用するのが条件。市がより透明性やアクセス性を向上させ、より説明責任が果たせるようになるためのコンテストという趣旨だった。グランプリは、Android端末に駅で地下鉄の行き先を表示するAR（拡張現実）アプリ、2位はタクシー利用者がタクシー会社や運転手に生のコメントを送れるアプリだった。

マサチューセッツ州交通局（MassDOT）も2009年9月に運行情報の公開

NYC BigApps
http://bigapps.nyc/p/

を決定。11月14日に試験的にバス5路線のリアルタイム情報を公開し、11月中にはすでにこの情報に基づくアプリが6個現れ、さらに続々と対応アプリが現れる。アプリ側とシンプルで信頼性の高いインタフェースで連係し交通局はアプリ開発のコストゼロだった。

サンフランシスコ市も市政府のあらゆるデータを積極的に提供（DataSF）し、小規模なコンテストを行った。オープン化の成果は、交通情報アプリ、犯罪情報アプリ、駐車場情報、車道清掃予定、緑化マップ、木の種類などのアプリなどだ[23]。

その後、すべてのはじまりとなったワシントンDCのApps for Democracyは、2008年と2009年のみで中止された。ワシントンDCのCTO（Chief Technology Officer）が新しくなり方針が変更になった。アプリの価値と持続可能性に疑問が出てきたためという。一方、当初は、「Apps for Democracyをエミュレートした」と報道されたNYC BigAppsは、2009年から2015年まで2012年を除いて毎年開かれている。たとえマネであっても続けてみるものである。

最新のNYC BigApps 2015[24]は、賞金総額125,000ドル、4部門のグランプリに25,000ドルずつ授与された。住宅部門ではアパートの賃借人が修理などさまざまな問題に対処するプラットフォームを提供するJustFix.nyc。ゴ

211

5 IoT×オープンデータ：業界動向

> **Column**
>
> ### オープンガバメント
>
> オープンガバメントの考え方は1950年代に始まり、もともとは政府の透明性や一般公衆への説明責任を意味していたが、近年のオープンガバメント運動には、米国の情報公開法に焦点を置いたグループもあれば政治資金やオープンソースソフトウェア、オープン学術データなどに注目してきたグループもあり、またオープン・イノベーションを求める企業家もいるというようにさまざま[5]。それぞれの意図が違うので「オープン」の意味は微妙に異なっており、また「オープンガバメント」という用語自体のあいまい性[16]を指摘する研究者もいる。オバマ政権でオープンガバメント政策をになったBeth Noveckは、辞職後、オープンガバメントは、オープンデータでは不十分だとしている[25][26][2]。

ミゼロ部門では他人とモノを共有できるようにするアプリTreasures。コネクテッド・シティ部門ではBluetoothとビーコン技術を使って環境情報を集め、Wi-Fiスポットとしても機能するソーラー充電ステーションCityCharge。公共空間に設置する市政部門では、低所得世帯に給付の手ほどきをするBenefit Kitchen。以上がそれぞれ受賞した。

英国のオープンデータ

英国では政府著作物については国家著作権（Crown copyright）が設定されており、自由に複製ができたが、改変はできなかった。英国におけるオープンデータ化の動きは2006年3月にGuardianが陸地測量部（Ordnance Survey、日本の国土地理院に相当）が収集してきた生データを個人や企業が自由に利用できるように求めた"Free Our Data"キャンペーンが始まりとされる。2010年5月に保守党の新政権が発足し、選挙キャンペーンは"Change Society to Make Government More Transparent"とオープンデータのことをうたっていた[71]。しかし、その前から流れはあり、米国のdata.govが始まった2009年5月から約半年遅れで2010年1月には、政府データを公開するサイトdata.gov.ukが立ち上げられた。同じ月にはロンドン市のデータを公開するLondon Datastoreも始まった[66]。

TfL（ロンドン交通局、Transport for London）のオープンデータ化

　2010年6月15日にTfL（Transport for London）が地下鉄の運行データをオープン化してわずか1週間足らずでリアルタイムの運行マップサイト"Live London Underground map"が現れた[66][67][68][69]。開発したMatthew Somervilleはもと公務員でMySocietyというオンライン民主主義を進める非営利団体の開発者。数年前にNational Rail（英国鉄道）の選んだいくつかの駅の間の列車の位置を示す地図サイト"Live train map for Birgingham New Street"（http://traintimes.org.uk/map/#bhm）をつくっていた。これは、National Railのウェブサイトからデータを引っ張って実現していた。Somervilleは、ロンドンで6月19日と20日に開かれたScience Hack Dayとよばれるハッカソンに参加して、TfLがデータをオープンにしたことを知り、できているソフトをTfLのライブデータフィード"departuree board information"で動くようにした。London Datastoreを介してTransport for London APIにアクセスしたもので、わずか数時間の作業。ネーミングやロケーションの問題に出くわし、いくつかは解決しなかった。いくつかの駅は間違った位置に表示されたり消えたりしたこともあるし、列車はIDの重複のためときどき変な動きをした。21日に公開したときに、あまりにもアクセスが多く、トラフィックをさばくために、静的データ用のウェブサーバは分離する等の工夫が必要だったという。そして1週間足らずで25万ものアクセスがあった。"Live London Underground map"は、当初からアドレス（現在はhttp://traintimes.org.uk/map/tube/）は変わったものの現在も動いており、TfLがデータをオープン化した最初の効果として高く評価されている。TfLがデータを公開するように働きかけたのは、London DataStoreのトップであるEmer Colemanだったが、交通と犯罪データの公開には長い時間がかかったと振り返っている[70][71]。2016年4月現在、8,200の開発者がTfLのUnified APIに登録し、500個のアプリがTfLのオープンデータで駆動されているという[72]。

⑤ IoT×オープンデータ：業界動向

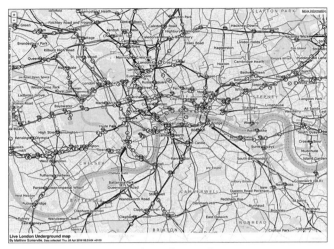

Live London Underground map
http://traintimes.org.uk/map/tube/

民間企業におけるオープンデータ

ここまで述べてきたように、オープンデータは、科学研究や政府のデータの公開に関することがほとんどで、民間セクターは、もっぱらそれをいかに活用するかという観点が主であった。民間セクターみずからがデータをオープンにするという議論や動きはあまり多くない。

英国のDeloitte Analyticsは、2012年のホワイトペーパーで、オープンガバメントデータだけでなく、オープンビジネスデータ、オープンシティズンデータも導入してオープンデータのエコシステムを提案している[74]。世界銀行[75]では、オープンガバメントの次は民間部門のデータのオープンだとしている。英国政府が立ち上げた非利益団体Open Data Instituteは、私企業がデータをオープンする指針ガイドを示している[76]。

Open APIについて

Open APIは、一般に公開されまたは、公衆がアクセスすることができるApplication Programming Interface[58][59]をいう。Public APIともいう。5,000

以上のPublic APIを検索できるサイトもある[64]。Open APIの特性としては、たとえば、

1. 誰にでも開放されており、すべての開発者が利用できる。
2. Open APIは、オープンデータと関係づけられる。
3. Open APIの仕様は、オープンスタンダードに基づく。

という定義がある[65]。Open APIもオープンデータも自由に使えるが、Open APIによるオープンデータの使い方は、使用条件などで制限されることがある（たとえば、呼び出しは1秒間に30回までなど）。

　Open APIは、Web2.0において、非常に重要視された。Web2.0は2004年にTim O'Reillyが提唱したさまざまな概念の集まりであり、2005年に本格化した。その特徴は、

1. プラットフォームとしてのウェブ
2. 集合知の利用
3. データは次の「インテル・インサイド」
4. ソフトウェア・リリースサイクルの終焉
5. 軽量なプログラミングモデル
6. 単一デバイスの枠を超えたソフトウェア
7. リッチなユーザ経験

とされ、「プラットフォームとしてのウェブ」が第一にあげられた[81]。要はウェブサイトが外部にAPIを開放し、コントロールしようと考えずに他と協調すれば、ウェブサイトのサービスの組み合わせで無限の可能性が生まれるということだ。開発者から見ればいわゆる「マッシュアップ」が可能になり、さまざまなサービスが簡単に実現でき、ウェブ自身もプラットフォーム化し価値が増えてエンドユーザも増える。つまり、APIを開放することにより、API供給側のビジネスにとってもAPIを利用する開発者にとっても最終的な利用者であるエンドユーザにとっても価値が上がるというものである[80]。

　ウェブサイトにおいてAPIを開放する動きは時系列的には商取引系サイト

5 IoT×オープンデータ：業界動向

背景となる技術のタイムライン

1991.8	Tim Berners-Lee、初のWWWサイト公式にサービス開始 2000年代前半までWeb1.0（静的ウェブ）の時代	
1991.12	アル・ゴア提案「情報スーパーハイウェイ法」議会通過	
1994.10	米ホワイトハウス公式ウェブサイトサービス開始	
1996.7	クリントン／ゴア政権 大統領令13011 インターネットとITの有効利用で公衆が省庁の情報へのアクセスが容易になるようにすべての省庁に命じた	
2004	Tim O'Reilly、Web 2.0提唱 ウェブをプラットフォーム化	
2005-	Web2.0の時代 静的なウェブからダイナミックなウェブへ。ユーザ参加型に。モバイル重視など	
2007-2008	マルチタッチUI・スマートフォン誕生 iPhone登場：2007年6月初代iPhone米国で発売 Android搭載端末登場：2008年10月 Android搭載端末 米国で発売	
2008-	モバイル・アプリの台頭 AppleはApp Store、GoogleはAndroid Market（現在Google Play）でアプリを配布開始	
2009 -	Tim O'Reilly、Gov2.0提唱 政府をプラットフォーム化するGov2.0の気運が台頭	

が早く、Salesforce.comが2000年2月、eBayが2000年11月、Amazonが2002年7月。そしてソーシャル系サイトは、del.icio.usが2003年、Flickrが2004年2月、Facebookが2006年8月、Twitterが2006年9月に導入している。地図系ではGoogle Mapsが2006年6月に、クラウドコンピューティング系では、Amazonが2006年3月にストレージに徹したウェブサービスS3を開始し、Amazonはさらに8月にはクラウドコンピューティングサービスのEC2（Elastic Compute Cloud）を始めている。モバイル系ではFoursquareが2009年11月、またInstagramが2011年2月に正式なAPI開放を始めている[78][79]。

プラットフォームとしてのウェブに関する情報を提供し続けているProgrammable Webによると、2005年にはAPIを開放しているウェブサイトは105だったのが、2008年には1,116に増え、さらに2011年には約6,000に達している。早くからAPIを開放したeBayは2008年に「サードパーティのアプリが12,000、eBayのトラフィックの60%がAPIから来る。APIを介して70億ドルの収入」、さらに2012年には「1日にAPIが10億コール」としていた。もっと上もいる。時期は前後するがTwitterは2011年5月には1日に130億コール、Googleは2010年4月には1日に50億コール、Facebookは2009年10月にやはり1日50億コールに達している[80]。

なお、2015年11月にLinux Foundationが発表したOpen API Initiativeは、RESTful API記述の標準化を目的とした団体である。過去XMLベースのAPIは複雑さのため思ったよりも普及せず、よりシンプルなRESTful APIが広く使われている。以前からXMLにはXMLベースのAPIを記述する標準フォーマット「WSDL」があった。そこで「WSDL」に相当するRESTful APIを記述するための標準フォーマットを推進するのがOpen API Initiativeである[61][77]。

Xプライズ方式コンテスト

1903年にライト兄弟による世界初の有人動力飛行があってほどない1919年にニューヨークのホテル経営者レイモンド・オルティーグが「ニューヨーク-パリ間の無着陸飛行に対し25,000ドルの賞金」を与えるというオルティーグ賞（Orteig Prize）[39]を発表した。人類が飛べるようになって16年目、当時は無着陸飛行など無謀と思われた。当初の5年間の期限には誰も挑戦せず、5年延長し失敗が相次いだ。

その中で、1927年にチャールズ・リンドバーグが成功し賞金を獲得。日本でも映画タイトルになった『翼よ、あれがパリの灯だ』[41]という言葉は有名だ。結局、9チームが40万ドルをかけて挑戦し、リンドバーグは最も経験が浅く「飛行バカ」と言われた。当時の旅客機は軍用機を転用したもので、まだ危ない乗り物だったが、成功により飛行機旅行に対する興味が高まった。たった3年で旅客機の交通量が30倍になり、航空株が急騰した[40][42]。

Xプライズとはオルティーグ賞を現代によみがえらせた賞。米国の非営利

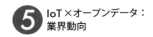

5 IoT×オープンデータ：業界動向

団体Xプライズ財団が主催している。Xプライズ財団の創始者ピータ・ディアマンディス（Peter Diamandis）は、リンドバーグの本を読んでXプライズを思いついた。しかし、資金を出してくれるAnsariファミリーに出会うまで5年かかった。そして、生まれたのがAnsari XPRIZE（1996創設）[43] で、民間による初の有人弾道宇宙飛行を競った。賞金は1,000万ドル。7カ国の26チームが参加。ルールは「民間の資金で作られた3人乗りの宇宙ロケットで2週間のうちに2回、高度100kmまで飛行する」という条件だった。

結局、2004年に米国のスペースシップワンのチームが優勝し賞金を獲得した。だがその開発には2,500万ドル以上かかったとされ、賞金だけでは採算はとても合わない。しかし、参加チーム全体で1億ドルの投資を呼んだ。以降、民間の宇宙飛行が現実のものとして注目されるようになり、ちょうどオルティーグ賞のような効果を狙った。

現在有名なのは、2007年創設の、民間で月探査車を送り込むことを競うGoogle Lunar XPRIZE[44]。ルールは「民間が何らかの手段で月に探査車を着陸させ、500m走行させる。また、画像やビデオを地球に送り返すこと」というもの。達成した最初のチームに2,000万ドル、2位に500万ドル。他に5,000m走行でボーナス500万ドル。期限は当初2012年だったが、現在は2017年末になっている。日本からはハクト・チームが参加している。

2012創設のQualcomm Tricoder XPRIZE[45] は、医療を受けるのが困難な

Ansari XPRIZE
http://ansari.xprize.org/

世界の人々のために15種の病気を即時診断できる機器を開発するコンテスト。SF「スタートレック」でドクターマッコイが利用していた携帯型万能医療機器Medical Tricoderにちなんだ。携帯電話技術大手のQualcommと組んで「23世紀のSFを21世紀の現実に」という趣旨で始めた。34チームが正式登録し、10チームがファイナリストとして勝ち残った。現在被験者によりテスト中で、2016年1月に上位3位のチームに計1,000万ドルが与えられる予定だったが2017年初頭までに延長された。現在7チームが残っている。

　Xプライズのポリシー[46]は以下のとおり。

- 目標が大胆かつ果敢
- 市場経済に任せておいてはうまく行かない部分をターゲット
- 大胆ではあるが実現可能
- 少人数で可能
- リーゾナブルな期間

　このようなチャレンジを設計するのは決して容易ではなく、うまくいかなかったチャレンジも散見する。

　最新のXプライズは、2016年創設のIBM Watson AI XPRIZE。これは、人間とコグニティブコンピュータIBM Watsonが協調できるかを競う賞。賞金は500万ドルで2020年まで毎年行う。2015年創設のShell Ocean Discovery XPRIZEは、深海探査技術を競う賞。賞金700万ドル。やはり2015年創設のNRG COSIA CARBON XPRIZEは、発電所や工場から排出されるCO_2を有用な物質に変える技術を競う。賞金は2,000万ドル。

　また、社会的問題の解決にも手を広げている。2014年創設のGlobal Learning XPRIZEは、子供の基礎学習能力を向上させるオープンソースのソフトウェアの開発を競い賞金は1,500万ドル。2015年創設のAdult Literacy XPRIZEは、大人の低識字者の読み書き能力を向上させるアプリの開発を競い、賞金は700万ドル。

　Xプライズは一般には（イノベーション）誘導賞〈(Innovation) Inducement Prize〉と言われる。ノーベル賞のように選考委員会が受賞者を決めるのではない。困難な目標を設定し、最初に目標を達成した人またはチームが受賞。

5 IoT×オープンデータ：業界動向

Xプライズ方式コンテスト タイムライン

■ オルティーグ賞からXPRIZEの流れ　● 地方自治体　◆ DARPAと連邦政府　▲ 民間企業

1919 ■ オルティーグ賞創設 1919～1927
ニューヨーク-パリ間の無着陸飛行。賞金25000ドル

1927 ■ チャールズ・リンドバーグ、オルティーグ賞達成
『翼よ、あれがパリの灯だ』

1996 ■ Ansari XPRIZE創設 1996～2004
民間による初の有人弾道宇宙飛行。賞金1000万ドル

2004 ■ Ansari XPRIZE
SpaceShipOneが獲得。費用2500万ドル以上

2004 ◆ DARPA Grand Challenge 2004
モハベ砂漠で無人車の走行レース。賞金100万ドル。完走車なし

2005 ◆ DARPA Grand Challenge 2005
カリフォルニア州／ネバダ州境界近くでの2回目の無人車の走行レース。
1位 スタンフォード大、2位 カーネギー・メロン大

2007 ◆ DARPA Urban Challenge 2007
市街に見立てたジョージ空軍基地跡での無人車走行レース。
1位 カーネギー・メロン大、2位 スタンフォード大

2007 ■ Google Lunar XPRIZE創設 2007-2017
民間が何らかの手段で月に探査車を着陸させ、500m走行、画像やビデオを地球に送り返す。賞金1000万ドル。2017年末まで

2008 ● ワシントンDC Apps for Democracyコンテスト
多くの注目を浴びるも2008年と2009年で終了。賞金総額5万ドル

2009 ● ニューヨーク市 NYC BigApps開始
2009年から2015年まで（2012年除く）開催。賞金2万ドル

2010 ◆ 米連邦政府 Challenge.gov創設
米政府のイノベーション・チャレンジ／コンテストのポータル。2010年9月から2015年12月までに640件以上を掲載

2012 ■ Qualcomm Tricoder XPRIZE創設 2012～2017
医療を受けるのが困難な世界の人々のために15種の病気を即時診断できる機器を開発。賞金1000万ドル。2017年初頭まで

賞金は大金持ちか大企業が出す。

　Xプライズの場合、賞金を出す出資者の名を前につけて○○ XPRIZE としている。参加側の開発費用もスペースシップワンでは、Microsoft の共同設立者 Paul Allen が2,500万ドル拠出している。

　Xプライズに勝るとも劣らず有名なのが、米国防総省 DARPA（高等研究計画局）Grand Challenge [47] だ。これは自動運転のイノベーションを加速させた賞で、当初は2004年のモハベ砂漠での無人車の走行レースで賞金は100万ドルだった。軍用車の無人化を目指したもので、大学などが参加したが、完走車は出なかった。しかし、「たった1年で軍が契約した企業の過去20年の成果より技術が進歩」[48] と評価された。これこそ誘導賞の真骨頂であり、

5 IoT×オープンデータ：業界動向

マトモな開発手法ではとても不可能なクレージーな技術の進歩の可能性を示した。

翌2005年には賞金を増やし場所を変えて行われ5台が完走した。スタンフォード大が優勝、カーネギーメロン大が2位。また2007年には都市部で開催されるDARPA Urban Challengeを行い1位、2位が逆になった。

2011年には自動運転のGoogle Car計画では、その開発のためにこのコンペで活躍した人材を多数スカウトした。今、自動走行車の開発は自動車産業の未来を左右するほどになり、Grand Challengeは軍用車だけでなく、すべての自動車の未来を推し進めた。

また、DARPAは2012年から災害救助能力を持つ人間型ロボットの開発を目指して、DARPA Robotics Challenge[49][50][51][52]というコンテストを進めた。DARPA Robotics Challengeは2013年12月に予選が開かれ、Schaftという東京大学発のロボットベンチャーが予選を首位で通過するもGoogleに直前に買収され、商業化を急ぐためと称して、2015年6月に開かれたファイナルには出場しなかった。結局、ファイナルではコンペに合わせてロボットにきめ細かいカスタマイズを行った韓国KAISTチームが優勝して200万ドルの賞金を獲得した。予選以降に参加した日本勢は時間がないため成績がふるわなかった。

Schaftは、現在Alphabet Xに所属し、その後いっさい発表がなかったが、2016年4月8日に東京で開かれた新経済サミットNEST2016でAndy Rubinの基調講演の際に実用度の高い「2脚ロボット」を披露、世界中の注目を浴びた。また、DARPAのRobotics Challenge責任者Gill A. Prattはトヨタの AI研究所 Toyota Research Institute, IncのCEOに就任した。

ほかにもNASAは2005年からNASA Centennial Challenges[53]という宇宙開発に関するサンプルを持ち帰りロボットや小型衛星、3D-Printed Habitat（3D印刷住居）などの技術を競うコンペを催している。

また、エネルギー省（DOE）H-Prize[54]という水素社会を目指して、水素貯蔵物質や水素ステーションに関した賞を設けている。

イノベーション誘導賞の設計において、賞の要は、適切な問題と目標の設定である。不可能ではないがハードルが高い。多くの人の関心を呼ぶ。人生をかけて達成することに意義がある。それに向かって人々を駆り立てるような目標。賞金も開発費用も高額だが、目標に真の意義があるものならば、金

はどこからか出てくるもの。この種の賞を競うためには、イノベーションにより未来は絶対現在よりも良くなるという楽観的な信念が必要となる。

オープンデータに基づくコンテストのはじまり

　2008年9月、後にオバマ政権で歴代初のCIO（Chief Information Officer）になる当時ワシントンDC CTOであったVivek Kundraは、できたばかりのデジタル・マーケティング企業iStrategyLabsのCEO Peter Corbettに、前任のCTOが構築したワシントンDCのData Catalogを市民や訪問者、ビジネスマン、そしてワシントンDCの機関が有効利用する方法はないかを尋ねた[31][32]。Data Catalogは、実時間の犯罪データのフィード、学校のテスト成績、貧困度などあらゆるオープンな公的データを含み、当時は世界有数であった。

　Peter Corbettは、「二つのことが考えられる。一つは何年もかけて大手コンサルタント会社と数百万ドルの契約を結び、当初の予想より2倍の費用がかかってできあがったものの質は予想の半分、つまり政府が今やっていること。もう一つは、イノベーションコンテストを催し、才能のある市民の手にデータを渡して、賞金を出し、隣人や市政府に対して技術を開発したことを認定すること。」と答えた。

　ワシントンDCは、Apps for Democracyというコンテストを創設し、5万ドルの賞金を提供した。47個のiPhone、Facebook、そしてウェブアプリの応募があり、230万ドルの価値があるとされた。そして、あっという間に、世界中の都市に広まっていった。

　少し詳しく見ていこう。質問に答えてから2日後にはCorbettは、Kundraのもとに"Hack the District"という名のコンテストを行うことにより政府におけるイノベーションをいかに創り上げられるかを記した提案書を持って行った。コンテスト名はちょっと突飛であったために、Kundraのチームは賢明にも"Apps for Democracy"と名前を変更した。Corbettは、後から思い返しても「良いネーミングだ」と言う。また、「これこそ、我々が最初で唯一何もないところからアイデアをクリエートして、夢に描いたように形にすることができた」経験だったそうだ。

　応募があった47個のアプリは30日間で開発された。5万ドルで200万ド

5 IoT×オープンデータ：業界動向

以上のリターンが得られたことから、ざっと4,000倍の投資効果。これを今までのやり方でやっていたら、正規の調達プロセスを経て最終製品を受け取るまで1、2年を要していた。

Kundraは、プレスカンファレンスで、「このコンテストの直近のゴールはワシントンDCのデータをよく提示する革新的ソフトウェアの開発にあるが、長期の目標はもっと幅広い。市政府のデータを市民誰もが利用できるようになると、市民が市政府に参加し、民間の技術革新と成長を駆動し、現在と明日の技術的問題に対して、新しい政府と民間のコラボレーションのモデルを作り上げることができる。」と格調高いスピーチをした。

当時は、技術系メディアだけでなく大手メディアでも大きく報道され、Kundraがリスクをとってデータを公開したことが高く評価されており、またDARPAのUrban Challengeのようなコンペがすでにあるのに、なぜこのような分野では行われていなかったのかを問う意見[33]もあった。すでにXプライズタイプのコンペティションを受け入れる環境が醸成されていたのであろう。

興味深いのは、すべてのきっかけとなったワシントンDCのData Catalogはオープンデータ運動、特に、オープンガバメントデータ運動とは直接関係がうかがえないことである。そもそも、地方自治体のオープンデータ化は、以前から少しずつ進んでいた。ペンシルバニア州のPASDAは、1996年に開発された空間情報を提供するポータルサイト[5][73]であるが、オープンデータとは言わずに、パブリックアクセス（公共アクセス）と言っている。2006年には、市政データ公開サイトDCStatでいくつかパブリックなライブフィードをRSS XML形式で始めている。それをVivek KundraがD.C. Data Catalog、Apps for Democracyで一挙に広めた。しかし、使用条件に同意する方式であり、オープンデータの条件を完全には満たしていなかったらしい[5]。

米国の連邦政府チャレンジ Challenge.gov

2010年以降、米国の連邦政府が提供する数々のチャレンジのポータルがChallenge.gov[35]である。2009年ホワイトハウスのStrategy for American Innovationは、各省庁に賞やチャレンジを利用してイノベーションを奨励する能力を高めるように求めた。2010年には行政管理予算局（Office of

オープンデータとXプライズ方式コンテスト

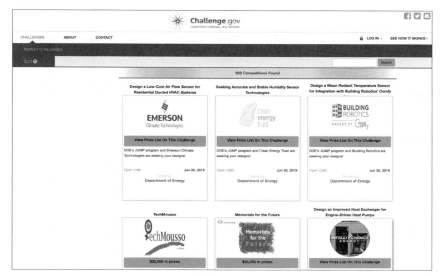

Challenge.gov
https://www.challenge.gov/list/

Management and Budget）が、政府におけるイノベーションの促進のため、コンテストや賞を利用するための方針や法的な枠組みを示した。

　そして、2010年9月から2015年12月までに80もの省庁により、640以上のチャレンジコンテストが催された。賞金総額は、2億2千万ドル。25万人以上が参加した。アメリカの伝統としてやはりリンドバーグが受賞したオルティーグ賞が念頭にある。

　2015年10月には、Challenge.govは5周年を迎え、オバマ政権は、大統領が就任当日に発表した透明性と市民参加と協同をうたったメモの精神に従って、政府はChallenge.govを通して多くの市民や企業家、学生と協調してきたと祝った[36]。その背景説明では、このようなインセンティブ賞は、政府に次のような利点をもたらすとしている。

● 支払いは成功のみ
　成功のみに支払い、そして野心的な目標を達成できる。従来の契約や助成金などのやり方ではどのチームのアプローチが成功する可能性が高いかなど

を事前に予想して、最も高いチームに賭けたが、このプロセスが必要なくなる。また、公平なルールと審査方式の競争の場を提供することで、参加者はよく考えた末でリスクを取るようになる。

● 普通の出来を越えた成果

普通の出来を越えた成果が得られる。ある問題に取り組む際の「常連さん」以上に参加者を増やすことができる。さらに専門分野以外の見方をする人々まで巻き込むことができる。

● 全体の投資が増加

全体の投資が増加する。インセンティブ賞により各省庁は、税金からのリターンを最大化し、コスト効率を上げることができる。さらにしばしば、参加者の総投資は賞の金額より1桁多くなる。

Challenge.govはさまざまなインセンティブ賞を提供している。たとえば、賞金が高額なものとして、エネルギー省が主催しているSunShot Prizeがある。これは、ソーラー発電のコストを劇的に減らすことを目標としたエネルギー省の壮大な計画SunShot Initiative計画の一環。SunShot Prizeは米国では屋根上に設置する平均的なソーラー発電の設置にさまざまな面倒な過程を経て平均半年かかっているのをわずか1週間に短縮させることを競うコンテスト。賞金総額1,000万ドルで2015年9月に始まり当初20チーム、現在五つの企業チームが競っており、2017年に最終結果が出る。なお、SunShot Initiativeは2020年までにソーラー発電コストを1Wあたり1ドル（または1kWhあたり0.06ドル）まで低下させることが最終目標である[37]。

民間企業主催のコンテスト

民間企業の行っているXプライズ方式の賞は、倉庫用ロボット・システムの性能を競うAmazon Picking Challenge[55]のように業務に直結するような実用性のあるものから、夢を追究するSpaceXのSpaceX Hyperloop Pod Competition[56][57]までさまざまだ。

Amazon Picking Challengeは、ロボットとソフトウェアの組み合わせにより、規定時間内に荷物を取り出したり詰め込んだりする数を競うチャレンジ。賞金は1位25,000ドル、2位10,000ドル、3位に5,000ドルと民間企業としては普通の額。毎年ロボット学会や競技会と共同で開催して、研究コミュニティとの交流を進めている。2016年は2回目で7月上旬に優勝者の発表がある。

　SpaceX Hyperloop Pod Competition は、SpaceX CEO の Elon Musk が2013年に時速1,200kmのチューブ列車Hyperloopのコンセプトを提案した。サンフランシスコとロサンジェルス間600Kmを35分間で結び、現在計画中の新幹線の1/10のコストの7,000億円で実現できるという。SpaceXもElon Muskも実用化には関与しないが、実現の促進のためにコンペティションを開催した。このコンペは、高速移動体（Pod）のデザインを競うもので2015年6月に発表され、2016年夏には選ばれた移動体をテストトラック上で競争させるという[注]。この賞では賞金よりもテストトラックで走行できることがインセンティブを持つようだ。

注） Hyperloop Pod Competitionの開催は、2017年1月に延期された。多くのチームから設計開発のためにもっと時間が必要と要求があったためとしている。

【参考文献】

【1】　Open data
　　　https://en.wikipedia.org/wiki/Open_data
【2】　Exec Tech　A brief history of open data
　　　https://fcw.com/articles/2014/06/09/exec-tech-brief-history-of-open-data.aspx
【3】　A brief history of Open Data
　　　http://www.paristechreview.com/2013/03/29/brief-history-open-data/
【4】　Open Data: A History
　　　https://www.data.gov/blog/open-data-history
【5】　History of the Movement
　　　https://opengovdata.io/2014/history-the-movement/
【6】　Open Government Working Group
　　　https://public.resource.org/open_government_meeting.html
　　　The meeting will be held at O'Reilly Media, 1005 Gravenstein Highway North, Sebastopol, California, 95472.
【7】　Public.Resource.Org
　　　https://en.wikipedia.org/wiki/Public.Resource.Org
【8】　The Annotated 8 Principlesof Open Government Data
　　　https://opengovdata.org/

【9】 8 Principles of Open Government Data
http://workspace.unpan.org/sites/internet/Documents/UNPAN042947.pdf

【10】 特集1 ◆科学データの長期保全とグローバルな共有 ─ICSU世界データシステムの構築─ ICSU世界データシステム（WDS）について
渡邊 堯、学術の動向 2012.6
https://www.jstage.jst.go.jp/article/tits/17/6/17_6_11/_pdf

【11】 Transparency and Open Government
The White House, January 21, 2009
https://www.whitehouse.gov/the-press-office/transparency-and-open-government

【12】 Ten Principles for Opening Up Government Information
https://sunlightfoundation.com/policy/documents/ten-open-data-principles/

【13】 資料3 G8サミットにおけるオープンデータに関する合意事項の概要について
http://www.kantei.go.jp/jp/singi/it2/densi/dai4/siryou3.pdf

【14】 Data Portals A Comprehensive List of Open Data Portals from Around the World
http://dataportals.org/

【15】 New Federal Government Team Focuses on Innovation and IT
http://www.govtech.com/policy-management/New-Federal-Government-Team.html

【16】 New Ambiguity of "Open Government"
Harlan Yu & David G. Robinson 59 UCLA L. Rev. Disc. 178
http://www.uclalawreview.org/the-new-ambiguity-of-%E2%80%9Copen-government%E2%80%9D/

【17】 平成26年版　情報通信白書
第1部　特集 ICTがもたらす世界規模でのパラダイムシフト
第2節　オープンデータの活用の推進
（3）海外における取組
http://www.soumu.go.jp/johotsusintokei/whitepaper/ja/h26/html/nc132130.html

【18】 Presidential Memorandum -- Building a 21st Century Digital Government
https://www.whitehouse.gov/the-press-office/2012/05/23/presidential-memorandum-building-21st-century-digital-government

【19】 Executive Order -- Making Open and Machine Readable the New Default for Government Information
https://www.whitehouse.gov/the-press-office/2013/05/09/executive-order-making-open-and-machine-readable-new-default-government-

【20】 Introducing: Project Open Data
https://www.whitehouse.gov/blog/2013/05/16/introducing-project-open-data

【21】 Digital Accountability and Transparency Act of 2014
https://en.wikipedia.org/wiki/Digital_Accountability_and_Transparency_Act_of_2014

【22】 参考資料2　gov2.0、オープンデータの世界の流れ
http://www.mlit.go.jp/common/001022903.pdf

【23】 Do Apps for Democracy and Other Contests Create Sustainable Applications?
http://www.govtech.com/e-government/Do-Apps-for-Democracy-and-Other.html

【24】 NYC BigApps 2015
http://bigapps.nyc/p/

【25】 Open Data - The Democratic Imperative
Beth Noveck on July 5, 2012
http://crookedtimber.org/2012/07/05/open-data-the-democratic-imperative/

【26】 Open Data Creates Accountability
July 6, 2012, 10:35 a.m.
John Wonderlich
http://sunlightfoundation.com/blog/2012/07/06/open-data-creates-accountability/

【27】A brief history of Open Data
Photo Simon Chignard / Consultant / March 29th, 2013
http://www.paristechreview.com/2013/03/29/brief-history-open-data/

【28】Open Government Data Competitions
http://opengovernmentdata.org/data/competitions/

【29】BigApps 2015
http://bigapps.nyc/p/

【30】Enabling discoveries for health - let's harness the innovative power of open data
https://www.openscienceprize.org/

【31】Apps For Democracy: An Innovation Contest
https://isl.co/work/apps-for-democracy-contest/

【32】Apps for Democracy Yeilds 4,000% ROI in 30 Days for DC.Gov
Peter Corbett   November 15, 2008
https://isl.co/2008/11/apps-for-democracy-yeilds-4000-roi-in-30-days-for-dcgov/

【33】Government 2.0: Ask What You Can Hack for Your Country
http://mashable.com/2008/10/20/ask-what-you-can-hack-for-your-country/#GpB1O68LKkqo

【34】米国オープンデータの動向調査 - IPA 独立行政法人【2013.2】
http://www.ipa.go.jp/files/000033718.pdf

【35】Introduction to Challenge.gov
https://www.challenge.gov/about/

【36】FACT SHEET: Administration Celebrates Five-Year Anniversary of Challenge.gov with Launch of More than 20 New Public- and Private-Sector Prizes
https://www.whitehouse.gov/the-press-office/2015/10/07/fact-sheet-administration-celebrates-five-year-anniversary-challengegov

【37】SunShot Prize: The Race to 7-Day Solar
http://energy.gov/eere/sunshot/sunshot-prize-race-7-day-solar

【38】GovLab:Prize-backed Challenges
http://thegovlab.org/wiki/Prize-backed_Challenges

【39】オルティーグ賞
http://ja.wikipedia.org/wiki/オルティーグ賞

【40】X PRIZE FOUNDER PETER DIAMANDIS HAS HIS EYES ON THE FUTURE
http://www.wired.com/2012/06/mf_icons_diamandis/2/

【41】チャールズ・リンドバーグ
https://ja.wikipedia.org/wiki/チャールズ・リンドバーグ

【42】旅客機:1.1 命がけの乗り物:黎明期
https://ja.wikipedia.org/wiki/旅客機#.E5.91.BD.E3.81.8C.E3.81.91.E3.81.AE.E4.B9.97.E3.82.8A.E7.89.A9._:_.E9.BB.8E.E6.98.8E.E6.9C.9F

【43】Ansari X Prize
https://en.wikipedia.org/wiki/Ansari_X_Prize

【44】Google Lunar X Prize
http://en.wikipedia.org/wiki/Google_Lunar_X_Prize

【45】Tricorder X Prize
https://en.wikipedia.org/wiki/Tricorder_X_Prize

【46】What is XPRIZE?
http://www.xprize.org/about/what-is-an-xprize

【47】DARPA Grand Challenge
http://en.wikipedia.org/wiki/DARPA_Grand_Challenge

5 IoT×オープンデータ：業界動向

【48】 Auto Correct
Has the self-driving car at last arrived
http://www.newyorker.com/reporting/2013/11/25/131125fa_fact_bilger?currentPage=all

【49】 Man behind Darpa's robotics challenge: robots will soon learn from each other
http://www.theguardian.com/technology/2015/jun/14/gill-pratt-darpa-robotics-challenge-cloud-robots

【50】 災害ロボット、日本惨敗の衝撃　迫るグーグルの影
http://www.nikkei.com/article/DGXMZO88006530S5A610C1000000/

【51】 【DRC Finals 現地レポート・総括】なぜ日本は上位に入れなかったのか？
非二足歩行が快走した理由と見えてきた課題
https://newswitch.jp/p/921

【52】 災害対応ロボットと、人と一緒に働くロボットの共通性
〜日米災害対応ロボット共同研究カンファレンス・レポート
http://pc.watch.impress.co.jp/docs/column/kyokai/20140522_649615.html

【53】 Centennial Challenges
https://en.wikipedia.org/wiki/Centennial_Challenges

【54】 H-Prize
https://en.wikipedia.org/wiki/H-Prize

【55】 Amazon Picking Challenge
http://amazonpickingchallenge.org/

【56】 The Official SpaceX Hyperloop Pod Competition
http://www.spacex.com/hyperloop

【57】 Hyperloop pod competition
https://en.wikipedia.org/wiki/Hyperloop_pod_competition

【58】 Open API
https://en.wikipedia.org/wiki/Open_API

【59】 Open API
http://p2pfoundation.net/Open_API

【60】 Open APIで企業がクラウドプロバイダーになる？
http://it.impressbm.co.jp/articles/-/11299

【61】 RESTful API標準化へ「Open API Initiative」が発足 -- グーグル、IBM、MSらが参画
http://japan.zdnet.com/article/35073148/

【62】 New Collaborative Project to Extend Swagger Specification for Building Connected Applications and Services
http://www.linuxfoundation.org/news-media/announcements/2015/11/new-collaborative-project-extend-swagger-specification-building

【63】 API Strategy 201: Private APIs vs. Open APIs
http://www.apiacademy.co/resources/api-strategy-lesson-201-private-apis-vs-open-apis/

【64】 Public APIs
https://www.publicapis.com/

【65】 What is an Open API?
https://blog.ldodds.com/2014/03/25/what-is-an-open-api/

【66】 Open Data in the United Kingdom
https://en.wikipedia.org/wiki/Open_Data_in_the_United_Kingdom

【67】 Surge of London travel apps looms as TfL opens up data
http://www.wired.co.uk/news/archive/2010-06/15/surge-of-london-travel-apps-looms-as-tfl-opens-up-data

【68】 The live Underground train map: what else can be built with transport data?

https://www.theguardian.com/technology/blog/2010/jun/22/underground-live-map-possibilities
- 【69】 Going Underground: The live Tube map that shows you where every train is on the network
http://www.dailymail.co.uk/sciencetech/article-1289533/Going-Underground-The-live-Tube-map-shows-train-network.html
- 【70】 The City as a Platform - Stripping out complexity and Making Things Happen
2/14/2014　Emer Coleman
http://www.emercoleman.com/blog/the-city-as-a-platform-stripping-out-complexity-and-making-things-happen
- 【71】 Chapter 4:Lessons from the London Datastore
Emer Coleman
http://beyondtransparency.org/chapters/part-1/lessons-from-the-london-datastore/
- 【72】 TfL opens up data feed to developers
https://www.publictechnology.net/articles/news/tfl-opens-data-feed-developers
- 【73】 Pennsylvania Spatial Data Access (PASDA)
http://www.pasda.psu.edu/
- 【74】 Open data Driving growth, ingenuity and innovation - Deloitte
http://www2.deloitte.com/content/dam/Deloitte/uk/Documents/deloitte-analytics/open-data-driving-growth-ingenuity-and-innovation.pdf
- 【75】 The Next Frontier for Open Data: An Open Private Sector
http://blogs.worldbank.org/voices/next-frontier-open-data-open-private-sector
- 【76】 How to make a business case for open data
https://theodi.org/guides/how-make-business-case-open-data
- 【77】 RESTful APIの記述標準化を目指す「Open API Initiative」をマイクロソフト、Google、IBMらが立ち上げ。Swaggerをベースに
http://www.publickey1.jp/blog/15/open_api_initiative.html
- 【78】 History of APIs 2013版
http://history.apievangelist.com/
- 【79】 History of APIs 2012/12/20版
http://apievangelist.com/2012/12/20/history-of-apis/
- 【80】 So you think you…understand everyday life? Web2.0 & API theory ? (still) very relevant in 2013
http://www.slideshare.net/OlafJanssenNL/so-you-think-you-understand-everyday-life-web20-api-theory-still-very-relevant-in-2013
- 【81】 What Is Web 2.0
Design Patterns and Business Models for the Next Generation of Software
Tim O'Reilly 09/30/2005
http://www.oreilly.com/pub/a/web2/archive/what-is-web-20.html
（翻訳は http://japan.cnet.com/sp/column_web20/20090039/）

6 IoT住宅への応用―電脳住宅

6 IoT住宅への応用 ―電脳住宅

トヨタ夢の住宅PAPI

　TRONプロジェクトでは、IoTのもっともふさわしい舞台の一つは住宅だという考えに基づいて、いくつもの実験住宅を造ってきた。

　まず1989年に竹中工務店などと共同で「TRON 電脳住宅」を建設した。当時としては画期的なもので、住宅を構成する設備すべてがネットワークにつながり制御可能であった。トイレでは、今では当たり前になったがシャワートイレや各種動作の自動化のアイデアを盛り込んだ。さらにトイレに血圧計や尿の自動分析装置を組み込み、専用デジタル回線がデータをホームドクターのコンピュータに送ることも行った。将来ネットが普及し普通の家庭でも低コストでデータを送れる時代が来ると考えていたからだ。

　そして2004年に完成したのがトヨタグループによる未来住宅「夢の住宅PAPI」である。建築面積は408平方メートル。ラーメン構造ユニットを素直に活かした総二階のシンプルな箱型建築で、全面光触媒コーティングによりメンテナンスフリー。減築も容易で、アルミとガラスでできた外壁はすべて

TRON電脳住宅（初代）

リサイクル可能と、リサイクルやユニット単位でのリユースまでさまざまなアイデアが盛り込まれていた。

　意匠的には、トヨタの持つ鉄骨ラーメンというモジュール工法をベースにトヨタグループの最新技術を生かすことと、「気持ちのいい空間」の具体化という二つの接点を求める形で、デザインが行われた。コンピュータがデザインに与えるのは多様性と自由であって、「こういう形になる」といった形の方向性を期待するべきではないとの思想がその背景にあった。

　当然インターネットをはじめとして発達したICT技術もふんだんに使われている。当時はまだスマートフォンはなかったが、その先駆けになるような端末――ユビキタスコミュニケータ（UC）も開発。そのタッチパネルでいつでもどこでも住宅の状況を知ったり制御したりできるようにした。初代の電脳住宅では、高価なコンピュータをたくさん入れたコンピュータルームが地下に隠してあったが、同じことが壁裏に分散配置された小箱で可能になり、1989年にはコンセプトだったものが十分実用的になった。内装において目に見える影響としては、家が家人を認識するので、ほとんどの壁スイッチをなくすことができた。

　ハイブリッド自動車から住宅に電力を供給するアイデア――非常時には車が発電機となり住宅に電力供給するアイデアもここで試されたのが最初である。

これも今では実用化されている。そのほかにも、スマートフォンや音声認識による家庭設備制御、リストバンド型無線センサーによる健康管理、HEMS（ホーム・エネルギー・マネジメント・システム）、家庭用燃料電池、色素増感型太陽電池、光触媒セルフクリーニング住宅外壁、住宅用LED照明、住人の移動についていくBGM、屋内位置特定のための無線マーカー利用など、電脳住宅やPAPIで使われた技術は徐々に実用化され、日常生活に浸透している。

6 IoT住宅への応用 ―電脳住宅

夢の住宅PAPI全景

トヨタホームの特徴のラーメン構造ユニットを素直に活かした箱型建築。シンプルなデザインのため、全面光触媒コーティングによりメンテナンスフリー。減築も容易で、アルミとガラスでできた外壁はすべてリサイクル可能。

発電する外壁

夢住宅は、燃料電池や太陽光・太陽熱なども利用したハイブリッドエネルギー住宅である。植物の光合成をヒントに開発された未来型の太陽電池は、従来利用されていなかった外壁にまで組み込まれており、家全体で発電。次世代型のエネルギーシステムで省エネ・低コストの実現を目指した。

車ごと入るエントランス

玄関ドア、センサーやカメラなど複数のセキュリティシステムで守られたエントランスへは車ごと安全に乗り入れができる。留守中の異常には速やかな通報と安全確保がなされ、家の中に入る前に、家が異常を教えてくれる。

ピロティ玄関扉左にある来客者受付端末。

家と車がつながるガレージ

ガレージのハイブリッドカーと電気自動車。電気供給用のスタンドは、通常は隣の買い物用小型電動カートの充電スタンドになる。停電時にはハイブリッドカーで発電した電力を家へ供給したり、ホームサーバとカーナビをネットワークで接続して最新の情報を交換したり、さまざまな連携を目指した。

電気自動車の後部に収納された買い物用カート。家と車が連携した空間では趣味用品のメンテナンスや荷物の出し入れもより便利に。買い物後このままガレージ内の自動収納の受け入れ口に送ることができ、住宅のシャフト内に貯蔵したり、2Fのキッチンで取り出したりできる。

居室

日本的な回り廊下が取り入れられた2Fレイアウト。見えているピアノはネットワーク対応のITRON制御自動ピアノ。

センサーや部屋認識用のucodeマーカー、空調吹き出し、スポットライトなど天井を汚すものは外周沿いのスリットの中に集中。

6 IoT住宅への応用 ―電脳住宅

リビング

PAPIの外観は機能優先でシンプルだが、インテリアは自然素材でリッチという生活優先コンセプトのデザイン。伊豆石の暖炉はその象徴。周囲は二組の二重ガラスの間にブラインドと熱抜きの空気層を収めた高機能の壁ユニット。

家族と情報が集まるキッチン

冷蔵庫の中のものにはRFIDが貼られ管理される。庫内にある食材の情報から残り物を使ったレシピを検索し、モニターに表示させることもできる。

ダイニングキッチンには家族が集まり、会話を楽しみながら快適に調理ができる。

ダイニングキッチンの情報ディスプレイ。留守中の来客情報、収納荷物の情報まで家中の情報がキッチンに集約され、モニターでチェックすることができる。

いつでも特等席のホームシアター

ラーメン構造ユニットの特質を活かし、ユニット一個で完結したホームシアターとして工場で内装し、音響機器の調整をし、そのまま運んで現地で設置するというアイデア。ヤマハと共同して音場の作りこみを行った。

人の気配を感じるとBGMが流れ、心地よく主人を迎える。映像が始まると、一番鑑賞しやすい環境に音響と照明を自動調整。音と光を最適にチューニングするホームシアターでは、ユビキタスコミュニケータでさまざまな機器を簡単に操作でき、お気に入りの映像や音楽を好きなときに快適に楽しむことができる。

ぐっすり眠れる寝室

光・室温・湿度・空気の質など、寝室の環境を最適にコントロール。生体モニターにより眠りの深度を測定し決めた時間に向け、ブラインドシャッター、天井照明、窓際のアッパーライトなどを統合的にコントロールして自然な起床を演出。

ユビキタスコミュニケータ（UC）

当時はまだスマートフォンがなく、家庭の万能リモコンになる端末を皆が常時持つというコンセプトのために、端末から開発したのがUCである。

館内の設備はUCから統合的にコントロールできる。多くのコンピュータが協調し、住まいと人のさまざまな状況を自動で認識、判断するユビキタスネットワーク。空調や照明、エネルギーなど、住ファクターの組み合わせを自動最適制御するので、人の操作負担はほとんどない。特別なオーダーがあるときにかぎり、ユビキタスコミュニケータを使って各設備を操作する。家庭内の位置を認識しており、ホーム画面には自動的にその位置で操作可能な制御項目が並ぶ。

6 IoT住宅への応用 ―電脳住宅

台湾 u-home

　未来住宅のショールームとして2010年に台湾に建築されたのが「u-home」である。それまでの二つの電脳住宅で実践してきたアイデアを実用的なコストで提供することに重点が置かれた。

　ショールームエリアは約200平方メートル、u-homeは約350平方メートル（通路、オフィス、プレゼンテーションルームを除く）。延床面積では駐車場やプールのあるPAPI（→P.234）よりは小さいが、住宅としてはかなり広い。リビング、ダイニング、主寝室、客室、バー＆AVルーム、キッチン、パントリー、ランドリー、バスルーム二つという部屋構成となっている。台湾でもこの広さで市内にあれば豪邸で、日本でのいわゆる億ションに相当する。

台湾にオープンしたTRON電脳住宅のモデルルーム「u-home」

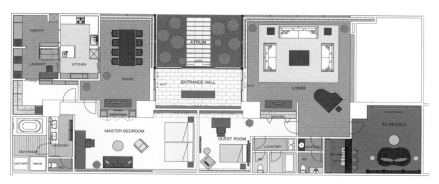

u-home 平面図

手の届く未来

　デザイントーンは従来の電脳住宅からの天然素材、シンプル、シンメトリというジャパニーズモダンの語法に則っているが、カーテンに濃い赤を使うなど、台湾という土地柄が考慮されている。今回はソファ、チェア、テーブルなどの置き家具のほとんどを新たにデザインし、台湾の工房で製作したので、それぞれの部屋にフィットし、使い心地の良いものになっている。エントランスホールやリビング、ダイニングに置かれたアンティーク家具も台湾の家具店を回り探し出してきた中国やチベットのアンティークで、モダンな部屋の中にほどよいスパイスがうまく融和している。

　u-homeの狙いは最新のユビキタスコンピューティング技術を駆使して、快適性とエコロジーを追求した住宅である。すなわち、家の状況、人の状況をu-homeが感知し快適性とエコロジーさを最大限高めるよう自動コントロールする住宅ということになる。エコロジーの中には省エネルギーということも含み、状況によっては快適性とエコロジーさは相反する場合もあるが、そこをうまく調整しようということである。

　u-homeは台湾土地開発という台湾の大手デベロッパーのモデルルームとなっていて、今後このコンセプトデザインと技術を大型マンションなどに適用展開していくことを目的としている。電脳住宅をはじめとするインテリジェント住宅は未来住宅というイメージで造られてきたが、ユビキタスコンピューティングの時代となり、手の届く未来ということになってきている。

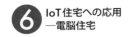

6 IoT住宅への応用 ―電脳住宅

エコへの配慮と最新テクノロジー

　両側が植栽の緑に囲まれたエントランスを進み、玄関の自動扉が開くと正面一面が緑の壁になっている。これはサントリーが展開している「ミドリエ」とよぶ壁面緑化システムである。小さな植木鉢サイズのポッドに植物が植えられたものが縦横メッシュ状に壁にはめ込まれ、コンピュータ制御により養分と水が自動的に与えられるようになっている。一般には商業施設などで利用されるシステムだが、住宅への適用を試みたものだ。エントランスホールのほか、主寝室と客室に壁面にも「ミドリエ」が配されている。グリーンはエコロジーの象徴でもあり、u-homeのコンセプトのひとつである。また、u-homeのあちらこちらの壁に飾られたフォトアートは写真家佐藤倫子氏の花をテーマとしたもので、グリーンとの調和と華やかさが感じられる。

　u-homeには場所を示すucodeを発するマーカーと、人を検知するセンサー

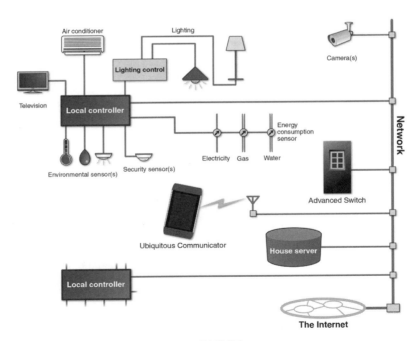

システム構成図

UC画面

があらゆるところに配置されている。センサーが人を感知すると照明は自動的につき、人がいなくなると無駄な照明は積極的に消していく。時刻や屋外の明るさにより(モデルルームは地下にあるので仮想的に)照明の明るさやカーテンとの連動なども行われる。BGMやBGVが設定されていれば、それらも連動する。

　自分でコントロールしたい場合は、ユビキタスコミュニケータ(UC)を使う。UCは場所ucodeを認識して、今いる部屋向けのリモコンになる。壁にもタッチパネルスイッチが配してあり、UCと同様その部屋のコントロールを行うことができる。タッチパネルスイッチは普段は無表示となっているが、近づくとフッとコントロール画面が現れる。

　トップ画面は日付、時刻、現在の天気、気温、天気予報などの情報や、家の平面図に現在の家の状態が表示される。ここには照明がついているかどうか、どの部屋に人がいるか、来客や荷物が届いたといった情報がアイコンで表示される。

　また、右下には現在のエネルギー

6 IoT住宅への応用 —電脳住宅

壁のタッチパネルスイッチ

消費量をわかりやすくグラフと数値で示している。

どのくらいエネルギーを消費しているかを常に見せる、すなわち「情報の見える化」をすることにより、心理的な働きから、結果としてエネルギーセーブにつながるわけである。タッチパネルには温度や照度センサーが内蔵されており、環境のモニタリングをしている。センシングした情報を使い、現在の状況に最適な制御を行っていく。

人感センサーからの情報や、照明、電動カーテン、玄関の電気錠、BGM、AV機器などの制御は、μT-Engine（マイクロティーエンジン）アプライアンスによるローカルコントローラによって行われる。また、来客情報やエネルギー、家全体に関わる情報はハウスサーバに集められ、ハウスモニターとして状況を表示したり、全体制御のパラメータとして利用される。

u-homeのガジェットとして、主寝室の洗面に立つと大きな鏡に電光掲示板のように情報表示が現れる。各地の天気予報、リアルタイムのニュース、家族のメッセージ、今日のスケジュールといったものだ。天気予報やニュースは、インターネットのサイトから自動的に抽出したリアルタイムの情報である。家族のメッセージとスケジュールは、モデルルームなのでシミュレーションとして作ってあるが、実際の住宅に展開する場合は、台湾土地開発がサービスとして提供し、利用者のスマートフォン、タブレット、PCなどとシンクロする。

u-homeの勝手口には宅配

リビングルーム

ボックスが設置されている。不在のときでも宅配荷物を受け取ったり、クリーニングを出したりできる。上下二段のボックスになっていて、同時に二つの荷物を扱うことができる。信頼のおける宅配業者やクリーニング店と契約をし、配達人にはセキュリティチップの入ったeTRONカードが渡される。eTRONカードは、宅配ボックスの鍵であり、かつ電子伝票システムを構成する。業者はeTRONカードをスロットに入れ、届け先などが間違いなければ鍵が開く。ボックスの扉を開き、荷物の授受をして扉を閉めると、受け取りのサイン代わりの情報がeTRONに書き込まれる。家にいる時でも手が離せないときには、いちいち対応しなくても荷物を受けとることができる。荷物が届けばUCや壁のタッチパネルスイッチに表示が出て、荷物の到着を知ることができる。外出中の場合は携帯電話にメールをするというサービスも可能である。

宅配ボックスもセキュリティの一環であるが、u-homeはセキュリティについても十分な配慮がされている。玄関の扉は偽造不可能なRFIDキーを利用していて、もし落としたとしても、登録を無効にすれば直ちに使えないようにできる。また来客に渡しておくと、特定の日や時間だけ有効な鍵を作ることもできる。

セキュリティ用のカメラは屋外屋内に設置してあり、家を空けているときにも外部から画像をチェックできる。またセンシング機能により不審な人の動きを自動記録し、防犯に役立てることができる。インターホンも同様の仕組みで不在時の来訪者を自動記録し、帰宅後確認することができる。

宅配ボックス

主寝室

6 IoT住宅への応用
—電脳住宅

AVルーム

　安全に快適に暮らせるようにするため、外壁はパナソニックの光触媒外壁材を採用している。これは太陽光により汚れを分解し、雨水で汚れが簡単に落ちるメンテナンスフリー外壁である。内装の塗料には竹炭を配合した竹炭漆という塗料を使っており、有害物質の吸着、調湿の効果がある。

　主寝室の浴室は、大型バス、多機能シャワー、サウナ、水風呂が完備し、BGMも流れる。疲れを癒しリフレッシュさせることを重要視した設計である。大型スクリーンを備えたAVルームもPAPIと同様本格的である。新しくデザインされたこんもりしたソファに注目したい。映画に浸るためにデザインされたソファに身を任せると、スクリーンの世界からそのまま夢の世界へ誘ってくれるようだ。AVルームには本格的なバーが作られている。UCをカウンターに置くと、カクテルのレシピを出してくれたりする。素敵な音楽やBGVとともにカクテルを楽しむ魅力的な空間である。

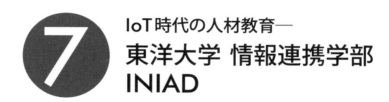

7 IoT時代の人材教育——
東洋大学 情報連携学部 INIAD

7 IoT時代の人材教育―
東洋大学 情報連携学部 INIAD

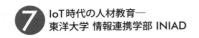

INIAD

東洋大学 情報連携学部
大学院 情報連携学研究科

イノベーションを起こせる人材を育成する

―坂村教授インタビュー

　2017年4月東洋大学の新学部として文・芸・理が融合した新しいコンセプトの情報連携学部―INIAD（イニアド）が設立される。同時に情報連携学研究科という新しい大学院・修士課程も設立される。

　この学部長に就任を予定しているのは、TRONプロジェクトを牽引する東京大学の坂村健教授だ。坂村教授がどのような考えでこの新しい組織を展開させるのか、それは今後のTRONプロジェクトの動きとも密接に関連してくるだろう。そこで新たに創設されるこの「INIAD：東洋大学情報連携学部」について、坂村教授にお話を伺った。

Q 東洋大学と言えば東京都文京区の白山キャンパスが有名ですが、新しい学部はどこに創設されるのでしょうか。

　「情報連携学部」はまったく新しい学部であり、場所も白山キャンパスではありません。以前UR都市機構の団地があった東京都北区赤羽台に、学部の1学年400人、大学院が1学年20人、それに教職員・スタッフあわせて2000人弱を収容できる新しい建物を建て、来年2017年の4月1日からオペレーショ

ンを開始する予定になっています。建築のデザインを担当したのは、現在新国立競技場の設計を手がけている友人の隈研吾さんです。

Q この「INIAD」というのは何の略で、どのような概念を示しているのでしょう。

　INIAD―これはイニアドと読みます。INIADとはInformation Networking for Innovation and Designの略で、INIAD東洋と名付けられました。INIADは、このネットワーク時代に対応した、新しいイノベーションを起こせる人間を創出することを目的として創設された学部です。

Q 文・芸・理の融合とありますが、これはどういうことを目指すのでしょうか。

　現在、新たな情報の時代が到来して、学問においても従来の文系や理系という考え方で分けるのが難しい中間領域が多く生まれています。そして、そこがイノベーションの主体になっています。

7 IoT時代の人材教育——
東洋大学 情報連携学部 INIAD

たとえば最近ビジネスの分野で、フィンテック（FinTech）[注1]というものが大変話題になっていますね。これは「ファイナンス」と「テクノロジー」を融合させた新しい造語です。コンピュータネットワークやインターネットを駆使した、新しい金融の考え方を打ち出しているものです。その範囲には当然電子マネーとかビットコインのようなものも含まれます。このような新しい技術が登場することにより、経済学などもこれまでとはまったく違った新しいモデルを創ることが期待されているわけです。

ビジネスの世界だとシェアリングエコノミーというものが世界的に注目されていて、たとえば運輸業だったら、ウーバー（Uber）[注2]がタクシーのあり方をまったく新たなものに変えようとしていますよね。そういったものを見ていると、今、世界がものすごく大きな変化の渦中にあるといえます。

従来の学問分野だけではこれらをカバーできません。そこで、今こそ新たな学問の体系を打ち立てることが必要ではないのか、というところから始めたのです。コンピュータサイエンスやエンジニアリングがその中核となるのはもちろんですが、その中にビジネスやデザイン、そしてシビルエンジニアリングといったイノベーションに関わりの深い分野を含めた、新たな学部を創りたいと思ったのです。

 この中の「デザイン」についてもっとお聞かせいただけますか。

デザインというのは、私は非常に重要だと思っています。たとえば工業デザインに関して、現在では3Dプリンタ[注3]の登場により、昔とはまったく違った方法で物を作ることができ、ネットワーク時代の製品開発はますます容易

注1) フィンテック（FinTech、Financial Technology）
　　金融（Finance）と技術（Technology）を組合せた造語。インターネット、セキュリティ、ビッグデータ、人工知能（AI）などの技術を活用した、金融、決済、財務などの新しいサービスを指す。

注2) ウーバー（Uber）
　　米国の自動車配車サービスの会社で、世界の450都市以上で展開している。アプリを使って自動車を呼び出し、登録されたクレジットカードから決済される。ドライバーと乗客がお互いに相手を5点満点で評価する。一般の人が自家用車を使って利用者を運ぶ形態もあり、各国での法規制に触れたり、タクシー業界から反発されたりする問題も出ている。

注3) 3Dプリンタ（スリーディー プリンタ）
　　3次元データを元に樹脂などを加工して立体物を造形する装置。モックアップ、製品試作、量産の型に利用されたり、医療分野では義足や人工骨にも利用されたりする。低価格化が進み、低コストで短期間に立体物を作成できるようになった。

になっています。逆に言うと、最初のデザインの良し悪しが重要になっているわけです。

また、今はいろいろなユーザインタフェースがスマートフォンなどに集約されるようになりました。単に画面操作だけでなく、音声認識、位置認識、モーション検出などさまざまな技術を駆使して、よりよいユーザエクスペリエンス（UX: User Experience）[注4]を作り上げるという考えになっています。従来のコンピュータのユーザインタフェースの考え方とは大きく変わってきています。私たちはこのような時代に新しいデザインを生み出していかなければなりません。

ビジネスの領域でも新しい分野としてデータサイエンス[注5]が登場しています。このIoTの時代では、リアルで着実なデータが大量に集まってきます。人間の経験と勘で動かしてきたこれまでのビジネスとは異なり、IoTやオープンデータの技術を使いデータを収集し、それを、人工知能や機械学習といった技術を使いコンピュータに解析させる。こういうものを総称したデータサイエンスというものが生まれており、新しいイノベーションが起こせるようになっているのです。

Q シビルエンジニアリング（Civil Engineering）というのはどういうものなのでしょうか。

シビルエンジニアリングというのは日本語に訳すと都市工学ということです。従来は都市工学といった場合、主にインフラをつくることがベースでした。都市や街をつくるときに、道路や上下水道をどう引くかということはもちろん今でも重要です。しかし、先進国でそういうものが当たり前になってくると、次に重要になってくるのはクオリティオブライフ（QOL: Quality of Life）[注6]です。コミュニティをどう形成するのか、少子高齢社会にどう対応

注4) ユーザエクスペリエンス（UX, User Experience）
　　利用者が製品、サービスを利用したときに感じる体験の総称。単なる使い勝手や使いやすさだけでなく、利用した際の印象や満足度なども含めた広い概念。

注5) データサイエンス（Data Science）
　　データ解析の全般を取り扱う分野として従来から研究されている分野。近年、大量データを収集・処理・解析する技術（ビッグデータ、人工知能）の発展によりビジネスや行政など広い範囲での活用が期待されている。

注6) クオリティオブライフ（Quality of Life）
　　物質的な豊かさだけでなく、精神面まで含めた生活全体の豊かさや質のこと。

7 IoT時代の人材教育――
東洋大学 情報連携学部 INIAD

していくのか、または今日本で問題になっている、都市と地方の格差をどのように解消するのか。従来はトピック程度に扱っていた課題を、これからは前面に打ち出して解決していこうということです。

Q コンピュータサイエンスについては、どのようにお考えでしょうか。

コンピュータサイエンスに関しては私が専門としている分野ですが、もう間違いなく大きく変わっています。ご存知のとおり、大型コンピュータにバッチ処理の時代からタイムシェアリングシステム[注7]の時代、パーソナルコンピュータの時代、そしてネットの時代になってきています。ネットの時代では、クラウドとエッジで処理をどのように分担させるかといった研究が必要になります。ネットワークのプロトコルに関しても、これまでのTCP/IPという時代から、センサーがつながったときの軽いデータの場合と映像などの重いストリーミングデータの場合とでは使うプロトコルを変えようといった、次世代インターネットのための新しい研究が出てきています。

また、これからのIoTの時代では、従来の情報処理の技術と組込み技術が融合するという時代になります。このIoTの時代に対応できる情報処理教育を実践している機関はまだありません。このように、学問の枠組みそのものが大きく変化するという時代に、従来の教育システムのままではなく、その変化に対して新たな挑戦をしようとするのがINIADなのです。

Q INIADのカリキュラムはどのようになっているのでしょうか。

大学は入学すると、一般教養を1年次から学び、それから専門分野に進むのが普通ですよね。従来のカリキュラムに対して私がひとこと言いたいのは、一般教養というのはもちろん重要ですが、1年次は一般教養を学び、それから専門分野という流れは、私は違うのではないかと思っています。INIADでは、一般教養は4年間の中で各自学びたいところで学んでくれればいいとし

注7) タイムシェアリングシステム（Time Sharing System、TSS）
1台のコンピュータをユーザ単位に時分割で共有し、複数ユーザで同時にコンピュータを利用するシステム。現在では見られない運用方法。

ています。逆に1年次全員に分野を問わず、プログラミングを中心としたコンピュータサイエンスの教育を受けてもらうことになっています。

　これはもう非常に大きな違いで、このINIADが創設されて何年か経ったときに、この大学を出た人と他の大学を出た人に明らかな差がついているということを示したいのです。一刻も早く新しい考え方を身につけるため、すべてにおいてコンピュータを使用し、紙はほとんど使いません。紙の掲示板もありません。大学のすべての施設がネットにつながっていて、学生たちはそれを自分たちでプログラミングしながら生活していくことになります。

Q 坂村教授が隈研吾さんと組んで造る、新しい校舎に関してお伺いしたいのですが。

　原型になったのは、ダイワハウスから私が寄贈を受けて東大に作ったダイワユビキタス学術研究館です。ビルを構成しているすべてのものがネットワークに接続されていて、それをAPI（Application Program Interface）を使ってどのように操作するかが、すべて学内で公開されます。そのアクセスコントロールのメカニズムを強力なアーキテクチャが支えています。私が今進めようとしているIoT-Aggregator（アグリゲーター）（→P.42）を中心としたアグリゲート・コンピューティングの思想に基づく次世代のインテリジェントビルです。

　まさに変貌するビルで、各自でプログラムすることにより自分たちがだんだんと快適になっていくような空間なのです。目的に合うように機能が変化するビルディング。ここに来る学生は興奮すると思いますよ。そういう体験の中から、新しいビジネスに対する発想とか、そういうものを身につけてほしいと思っています。

7 IoT時代の人材教育―
東洋大学 情報連携学部 INIAD

Q プログラミングの教育が重要だということはよくわかりましたが、そのほかに重視していることはありますか。

　これはもう間違いなくコミュニケーションです。この学部でも2年次から専門分野、ビジネス、デザイン、エンジニアリング、シビルシステムのコースに分かれるのですが、学部の名前が情報連携学部ということからわかるように、いろいろな専門分野をもった学生たちが、3年次に仮想的に社会に出たときのように協力しあい、一つの製品を作るという実習があります。だから、連携ですよね。連携して専門分野が違う人といろいろなことを進めていくためには、コミュニケーションスキルが必要です。

　INIADの学生が半分男性なら半分女性にしたい。半分日本人ならもう半分は外国人にしたい、半分は高校を卒業して入ってくる人なら、もう半分は社会人にしたい。そういうミクスチャー、混成の中から新しいものが生まれると私は思っています。

　これは、私が前から言っている教育に対する理想なのですが、そのためにはいろいろな分野の人とコミュニケーションをとれる能力が必要になります。そういった意味では、日本語はもちろん英語も重要ですね。そのほかに重要なのは、プレゼンテーションです。そういったミクスチャーの中で、どのように自分の考えを強調していくのか。そのためのコミュニケーションスキルの教育にはものすごく力を入れようとしています。

Q このINIADを卒業する学生たちに、望むことはありますか。

　私たちが、このINIADを卒業する人たちにいちばん勧めたいのは起業です。それを支援するために、起業のための組織、仕組みを積極的に作ろうとしています。もちろん従来の企業や官庁に就職することに反対するわけではありませんし、それらの組織でもINIADで育成しようとしているような人材がますます必要とされるようになっていくでしょう。

Q 外のさまざまな組織と共同で進めていくのでしょうか。

　もちろんです。そういう意味では、米国のカリフォルニア大学バークレー校（UC Berkeley ／ University of California, Berkeley）とは共同で新しいコースを作っていこうということで、話し合いも始まっています。ほかにも世界中の大学と連携していこうと思っています。また、今世界を動かしている企業と一緒に共同研究する話も出ていて、このIoT時代に対応するための新しい組織づくりの渦中にあります。期待していただきたいと思っています。

　社会人の再教育にも私たちはとても興味を持っているので、この記事を読んで参加したいというエンジニアの方、新しい時代の新しい力をつけるため学び直したいという社会人の方たちも大歓迎です。INIADの場合は、入学したらもう一回体育をやってくださいということもありません（笑）。入学試験の方法についてもいろいろあり、それに関してはウェブに掲載されているのでご覧ください。

　ぜひ、新しい人たちが来てくれることを期待しています。

東洋大学情報連携学部 INIAD　　https://www.iniad.org/

7 IoT時代の人材教育—
東洋大学 情報連携学部 INIAD

Information Networking for Innovation and Design

INIAD 徹底紹介

2017年4月開設　http://www.iniad.org/

東洋大学 情報連携学部
大学院 情報連携学研究科

「文・芸・理 融合」の新学問領域を創造

「理」の知恵

インターネットは社会を大きく変えました。新しい技術が社会を変え、その変化が研究開発のスピードを加速します。そして、そこで生まれた新技術がさらに社会を加速して──社会の変化のスピードはどんどん大きくなっています。新技術の利用──さらには研究開発には当然「理」の知恵が必要です。

「文」の知恵

しかし単に新技術の開発に成功しても、それだけでは技術を社会に出していくことはできません。
新技術をどのように持続的ビジネスにつなげるか、関係する法律や規制をどうクリアするかといった「文」の知恵が必要です。

「芸」の知恵

さらにインターネットの中で同じようなサービスであっても、あるサービスは使いやすいとか、使っていて楽しいといった、人々の感性にいかにマッチするかの差が、広まるときに大きな結果の違いになってきます。
その差を生むのはデザインであり「芸」の知恵です。

○ **つながる力**
インターネットが大きく社会を変えたのは「人と人」をオープンに広くつなげたからです。
特定の企業の中でしかつながらない電子メールやホームページではこんな力は持てなかったでしょう。
メールアドレスやURLを知っていれば「いつでも、どこでも、誰でも」つながる――そのオープン性がインターネットの力です。

○ **IoT**
次の大きな技術・社会革新の波と言われているのが「IoT: Internet of Things――モノのインターネット」です。
私達の身の回りの「モノ」がネットワークにつながり「モノと人」、「モノとモノ」が、オープンにつながる時代がやってきます。
ロボットも自動運転自動車もIoTの一部です。
今までのインターネットの世界を超えて、ネットがモノを通して現実の世界とつながっていきます。
関連する法律や制度はより複雑になり、手で触れる現実の形としてのデザインの重要性も高まります。

○ **求められる「文・芸・理」の連携教育**
変化が加速した現代――高いレベルで「文・芸・理」の知恵を融合したIoT時代のサービスやモノがあれば、より早く成功をおさめられます。
しかし同時に、どんなに優れた人でも一人で「文・芸・理」のすべてが高いレベルでという人間はいません。
今、求められている人材は、自分が得意でない分野に対しても理解を持ち、共通の言葉で対話して連携しプロジェクトを達成できる人材です。
そのために創造したのが、連携するための「文・芸・理」のあり方を研究する「情報連携学」であり、その実践教育を行うのが私達の…

「INIAD:情報連携学部」 なのです。

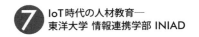

7 IoT時代の人材教育—
東洋大学 情報連携学部 INIAD

- **コンセプトは「連携」**

  コンピュータ・インターネットをはじめとした、さまざまな科学技術により、成り立っている現代社会。一人ですべてを理解し動かすことは難しい時代になってきています。

  今求められているのは、多くの人々の協力と連携です。

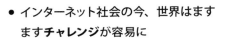

- **インターネット社会の今、世界はますますチャレンジが容易に**

  インターネットによって地理的制約がなくなり、考え方が同じで一緒にやっていける人々との出会いは簡単になりました。

  遠く離れたところにいる人達と協力しあって一緒に仕事をしたり（クラウド・ソーシング）、設計図を送りモノを作ってもらって、それを（国際）宅急便で送り返してもらったりして、魅力的な試作品を作れば、ネットを通じて広く世界から資金を集める（クラウド・ファンディング）こともできます。

  世界では、こうして若者たちが革新的な製品を世に出して成功する「スタートアップ」が増えています。

- **インターネットの中のさまざまな機能やサービスを組み合わせ「連携」させれば…**

  いろいろな機能ブロックがネットから簡単に入手でき、スマートフォンの開発環境も充実しました。少しのプログラムだけで高度なアプリを作り、新サービスの実現が可能になります。

- **「連携」の基盤はコンピュータ・サイエンス**

  チームを組んで、コンピュータを使いこなし情報を通して連携し、素早くアイデアを形にできる人材が今求められています。

INIAD 徹底紹介

- **連携できる力が未来の鍵**

  プログラミングによりインターネットや3Dプリンタなどの環境を使いこなし、他の人々や組織と「連携」することで、素早くアイデアを形にできる力を付ける4つのコースがあります。

- **コース横断のチーム実習**

  コース横断でチームを組み共通の課題に取り組む実習を複数年通して実施します。

- **全コースでCS教育**

  プログラミング力をつけるのがCS — Computer Science（コンピュータ科学）。連携の基盤としてCS教育を重視し全コースでCS初級とプログラミング教育を実施します。

- **コミュニケーション力の重視**

  異なる専門、多様な国籍を持つ者同士で、共通の課題解決を行なうため「英語」をはじめとして「プレゼンテーション」や「ディベート」などの、実践的コミュニケーション能力を身につけます。

- **どんな人生を送るにしろ、人生を助ける力としての「プログラミング」**

7 IoT時代の人材教育―
東洋大学 情報連携学部 INIAD

Engineering
情報連携エンジニアリング・コース

技術面から連携を支え新しい情報サービスを
具体化できる力をつける

社会を支える最先端の情報システムを構築できる人材の育成

いま私たちは、PCやスマートフォンで、いつでもどこでも、世界中のあらゆる情報を得る事ができます。これは、ほんの10年前までは考えられないことでした。そしてまもなく、世界中のあらゆるモノがネットワーク化する、IoT（Internet of Things）の時代がやってきます。

こういった高度に情報化した社会を支えているのが、コンピュータ・サイエンスです。エンジニアリング・コースでは、このような社会を支える最先端の情報システムを構築できる、高度なコンピュータ・サイエンスのスキルを身につけることができます。

世界標準のカリキュラムへの準拠

エンジニアリング・コースは、IEEE/ACMという国際的な学会が中心となり作成した、世界標準のカリキュラムに準拠しています。

革新的コンピュータ「コンピュータ・アーキテクチャ」、新しい時代の通信技術「コンピュータ・ネットワーク」という2つの研究分野を中心に、世界中のどこに行っても通用する高度なコンピュータの知識を身につける事ができます。

標準的なプログラミング技術を習得した人材とは一線を画し、次世代の情報システムを自ら創り出す、そんな高度なエンジニアの輩出を目指しています。

- 卒業後の進路
  ［開発者／システム・エンジニア／プログラマ／研究者］

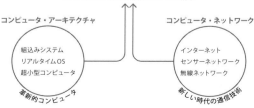

IN Design 情報連携デザイン・コース

デザイン面から連携を支え、
新しい情報サービスや製品を具体化できる力をつける

未来の情報サービスや製品を具体化できる人材の育成

人を惹きつけるWebサイトやさまざまな工業製品、それは魅力的な「デザイン」が支えています。
情報連携デザイン・コースでは、デザインに関するさまざまな知識と、それを実現する実践的なスキルを学び、未来の情報サービスや工業製品を具体化する能力を身につけることができます。

コンピュータをフル活用したデザインへ

現在のモノづくりは、コンピュータと切り離すことはできません。
3D CAD等を利用して設計し、3Dプリンタ、レーザー加工器を活用して、すぐに形にする「ラピッド・プロトタイピング」が、注目を集めています。
情報連携デザイン・コースでは、特にコンピュータを駆使したモノづくりを扱う「デジタル・デザイン」と、人とコンピュータの関わりを扱う「ユーザ・エクスペリエンス・デザイン」の2分野を中心に学び、コンピュータをフル活用して、新しいアイデアをどんどん形にできる人材の輩出を目指しています。

- 卒業後の進路
  ［Webデザイナー／
  インダストリアル・デザイナー］

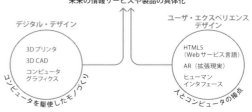

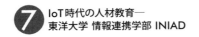

7 IoT時代の人材教育— 東洋大学 情報連携学部 INIAD

NN Business
情報連携ビジネス・コース

連携により新しいビジネスを構築できる
マネージャ人材を育てる

新しい情報ビジネスを構築する人材の育成

現在、コンピュータは誰でも手に入るものになり、特別な資格や高価な機器がなくても、知識とスキルを身につければ新しいサービスやモノを創れる時代になりました。
クラウド・ファンディングによる世界中の不特定多数からの資金調達など、インターネットを活用し、これまでになかった形で新たなビジネスを立ち上げる仕組みも、次々と世に出ています。
情報連携ビジネス・コースでは、何度でも挑戦するマインドを持ち、チームを束ねて、新しい情報ビジネスを構築することのできる人材を育成します。

データが強化するマネージメント力

現在の情報ビジネスでは、インターネットを介して世界中から大量の情報が集まり続けます。統計分析を基礎として、大量のデータを読み解きマーケティングなどに活用する力は、これからのビジネス、特にインターネットを中心に展開される情報ビジネスの世界では欠かすことのできない能力です。
情報連携ビジネス・コースでは、新規事業創出の方法論を扱う「ビジネス・インキュベーション」だけでなく、データ分析による戦略立案を扱う「データ・サイエンス」をも学び、データに強いマネージメント系人材を輩出することを目指します。

- **卒業後の進路**
  [プロジェクト・マネージャ／コンサルタント／マーケティング／スタートアップ]

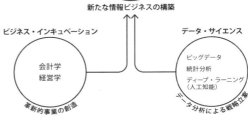

Social
情報連携シビルシステム・コース

情報技術と連携し
豊かな社会とくらしの創造に応用する力をつける

まちの基盤施設と人のくらしに情報技術を応用できる人材の育成

私たちのまちは建物、道路、上下水道、電力供給などのインフラに支えられています。複雑化し高度化するまちの活動を支えるためには、情報システムを応用してこれらのインフラを設計し、活用していく必要があります。

また、環境への配慮、健康、快適で便利なくらしや、文化やコミュニティに対する情報技術の応用はますます盛んになり、それによって豊かなくらしを創り出すことができます。シビルシステム・コースでは、まちのインフラと人のくらしへの情報技術応用の基本的な考え方を身につける事ができます。

応用力の養成に力点を置いたカリキュラム

建物やさまざまな施設は、まちの計画の中で、それぞれ個別の目的に応じた設計と管理がなされてきました。

このコースでは、これらの施設の全体の理念、計画、設計、管理と情報技術の応用を学びます。

また、大きく発展しつつある、くらしへの情報技術の応用についても学びます。これらの情報技術の応用はその進展が早いため、単に理解し、知識を記憶するのではなく、将来起きるさまざまな社会の変化に追随して柔軟に考え、情報技術を応用できる力を身につけた人材を輩出することをめざします。

- 卒業後の進路

  ［公共セクター／建設／商業／サービスなど］

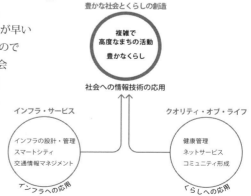

7 IoT時代の人材教育—
東洋大学 情報連携学部 INIAD

カリキュラム

- 1年次は、すべての学生がプログラミングと日・英コミュニケーションを集中的に学び、情報連携の素地を身につけます。
- 2年次からは四つのコースに分かれ、コースごとに二つの研究分野に関する専門的な知識を身につけます。実践的な演習を通じて、情報連携のためのスキルを身につけます。
- チーム実習は情報連携の実践の場です。
  各コースで身につけた専門性を活かし、コース横断のチームで擬似スタートアップ型の実習を行います。
  コースの仲間との協働を通じて、社会での働き方を身につけます。
- 学部4年〜大学院では、研究室に所属し、各コースの専門性を、さらに深めることもできます。

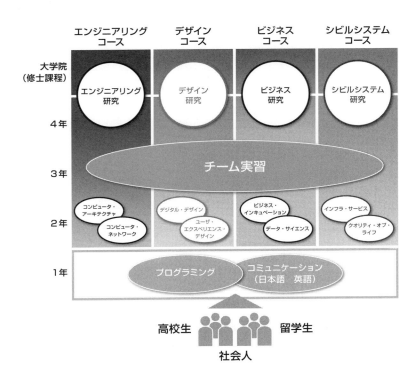

INIAD 徹底紹介

IoT時代のプログラミング教育

▶「連携」の力となるプログラミング基礎教育

今まで独立して動いていたあらゆるモノがIoT (Internet of Things)によってネットワーク化され、身の周りのあらゆるサービスや機械がコンピュータを通して「連携」することで社会が大きく変わろうとしています。

社会全体がグローバルに結合されようとしている今、私たちにも世界中の人たちと「連携」してさまざまな課題を解決していくための基本スキルが求められています。情報連携学部では、世界的に広く使われているプログラミング言語「Python」と、インターネットの標準言語「HTML5」・「JavaScript」等を用いて、全コース共通でIoT時代の基本スキルとしてふさわしい基礎を学びます。

▶「連携」をリードしていく人材を育てる専門教育

基礎教育で学んだ連携のための共通知識をベースとして、「連携」を牽引していく人材を育てるために、各コースでは特別に設計された専門カリキュラムを用意しています。

エンジニアリングコースでは、インターネット上のさまざまなクラウドシステムと連携が可能な組込みモデルカー「T-Car」(→P.64)を用いて、IoTシステム全体を構築する演習が行われます。機械単体の作り方を学ぶいわゆる「組込み演習」とは一線を画す、クラウドと連携した総合システムを理解させる内容であり、まさに　これからのIoT時代を牽引していく人材育成を目指しています。

7 IoT時代の人材教育——
東洋大学 情報連携学部 INIAD

新キャンパスの機能

▶ INIADの教育方式

—従来の大教室から多数の小教室中心の構成へ

- 従来の日本の大学——特に私学や文系の大学では、教師から学生に一方的に知識を伝える「講義」形式が主流でした。
- そのために、より多くの学生を収容できる大教室が効率的とされてきました。
- しかし、単に先生が一方的に知識を授けるだけ、学生が受け取るだけでは「連携」にはなりません。
- 対話中心の授業は、大人数では成果が出ません。そこで、INIADの教室は小教室中心の構成になっています。
- また、さらに小さいチームルームが多く用意されており、3年生以降に開始されるチーム実習のための拠点としたり、学内で起業する会社のオフィスとしての利用など、さまざまな利用が可能です。

—ネットワークと現場を組み合わせた新時代の教育

- ネットワークの時代だからこそ、INIADでは「その場に集うこと」を重視します。
- 知識を受け取る部分はネットワークのオンライン教育システム「MOOCs（ムークス）」で行います。

いつでも、どこでも、何度でも、納得行くまでブラウザ経由で受講が可能で、演習により自分の理解度も確認できます。
- 一方、キャンパスではネットワーク上でできないことを行います。
具体的には、教師や、学生同士での討論を中心とした対話中心の授業や、手を動かす実習を行い、オンライン教育システムで得た知識を消化し身に付けることを促します。

▶ メディアセンター

—ネットが主流になっても、直接顔を合わせてコミュニケーションを取ることの重要性は変わりません。

—その対面でのコミュニケーションを助けることを中心に、ネットの中だけでは実現できないメディア機能を提供するスペースが、INIADの一階の公共スペースに位置するメディアセンターです。

—たとえば、学生が少人数で集まって、一つの同じ大画面を見てコミュニケーションを取るミーティングスペースがあります。
- ミーティングスペースはさまざまなインテリアで気分を変えられるようになっておりアイデア出しを刺激します。
- 他のチームとの適度な距離感で、セレンディピティ（予期せぬ幸運な出会い）を演出し、アイデアの掛け算効果を生みます。

—小規模なセミナーや討論会を行える小規模のシアタースペースもあります。
逆に、一人でいながら、同時に周囲に人々を感じられる、適度な独立感のパーソナルスペースも多くあります。

—クリエーションに疲れたら、近くにはカフェスペースもあります。美味しいお茶とスイーツでリフレッシュしてください。

7 IoT時代の人材教育—東洋大学 情報連携学部 INIAD

▶展示エリア

―メディアセンターに隣接するスペースは、学生などさまざまな人が集い、出会う公共スペースとなっています。

―展示台などの各種の展示用家具や大型プロジェクター等の設備も用意されており、パネル展示から実物展示、プロジェクター展示などが可能です。

―学内で行う講演会に合わせた展示会、演習の作品展示、学内スタートアップの商品発表、さらには大学祭などさまざまなイベントに利用可能です。

▶建築

建築設備・内装・建築総合プロデュース：坂村 健（さかむら けん）

東京大学大学院教授。情報連携学部等設置推進委員会委員長。IoT社会の構築を目指すコンピューターアーキテクチャ構築・普及を目指すプロジェクト「TRON」の提唱者でプロジェクトリーダー。

建築設計：隈 研吾（くま けんご）

株式会社隈研吾建築都市設計事務所主宰。東京大学教授。木材を使うなど「和」をイメージしたデザインが特徴的で、2020年東京オリンピック・パラリンピックのメイン会場となる新国立競技場のデザインも手掛ける。

INIAD 徹底紹介

IoT化された未来のキャンパス

赤羽台キャンパスにあるINIADは最先端のIoT技術により、さまざまな設備や機器をネットワークに接続し、それらをキャンパスの状況に合わせて協調動作することで、人々に最適な環境を与え、使用エネルギーの最適化を図ります。このように設備や機器を空間の状況に合わせて最適制御するというコンセプトは、坂村健学部長（2017年4月就任予定）がプロジェクトリーダーを務めるTRONプロジェクトの目指すところであり、赤羽台キャンパスにはこの研究成果を取り入れた未来のキャンパスを実現しています。

── **最先端の空間で学ぶ**

研究室には、電灯やエアコンのスイッチはありません。キャンパス内にあるセンサーを利用して環境を自動認識して制御を行い、利用者からの指示はスマートフォンやPCからネットワーク経由で行います。教室や研究室等へはICカードやスマートフォンで鍵を開けて出入りします。講義の案内や連絡事項等はキャンパス内に設置されたデジタルサイネージやスマートフォンで知ることができます。

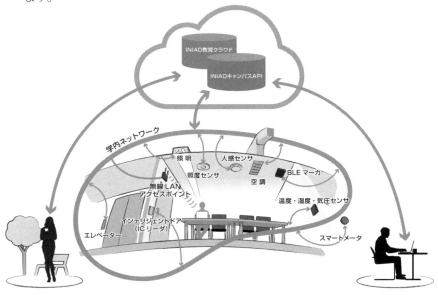

7 IoT時代の人材教育―東洋大学 情報連携学部 INIAD

― INIADキャンパスAPIでプログラミング実習

赤羽台キャンパスに設置されているさまざまな設備や機器は、API（Application Programming Interface、コンピュータプログラムから、他のプログラムや機器の情報を取得したり制御するための約束事を定めたもの）を提供しています。学生の皆さんはAPIを学習し、これを操作するためにプログラミングすれば、このIoT化されたスマートキャンパスを自身に割り当てられたアクセス権限の範囲内で思い通りにコントロールできます。

― INIADキャンパスAPIの利用例

- プレゼンテーション時に外光が差し込む場合は自動でブラインドを下げて照明を点けます。
- ICカードをかざして部屋に入室すると入室した人の好みに合わせた設定で照明・エアコンが動作します。
- あらかじめ利用階、目的階をスマートフォンに入力しておけば、荷物を運んでいて両手がふさがっているときでも、エレベーターの前に行くだけで自動でエレベーターを制御して目的階へ移動できます。

―コンピュータ教育に適したネットワーク環境

キャンパス内にはWi-Fiが整備されていて、情報教育を実施するために十分なインターネット接続帯域が確保されていますので、学生が所有するPCやスマートフォンを持ち込んで、授業や研究に活用できます。

また、クラウドコンピューティング環境としてINIAD教育クラウドを整備しています。このINIAD教育クラウドを活用した講義も数多く用意されています。学生の皆さんがINIAD教育クラウドを自分自身の学習や研究等にも活用できるよう、設備も整っており、また困ったときにはINIADスタッフがサポートします。

INIAD Makers' Hub

メイカーズハブ

個人がものづくりに取り組む、メイカームーブメントが世界的に流行しています。きっかけは、ものづくりの世界にIT技術を取り入れたデジタルファブリケーションとよばれる技術が普及し、さまざまな造形物を簡単に作れるようになったことです。

INIADは、このような「ものづくりに取り組む人々」(メイカーズ)の活動を支援することが重要だと考えています。そのためキャンパス内にINIAD Makers' Hubと名付けたスペースにさまざまな機材や道具を揃え、メイカーズをサポートする専任のスタッフが常駐しています。皆さんはこのような万全の体制の中でアイデアを形にできます。

▶ **作業できる内容**

INIAD Makers' Hubでは、原材料を加工するところから塗装などを施す整形まで、ものづくりの一連の作業を行えます。

・木材、金属、樹脂等の工具を用いた加工
・デジタルファブリケーション
・電子工作
・塗装

7 IoT時代の人材教育—
東洋大学 情報連携学部 INIAD

▶ 導入予定機材（例）

デジタルファブリケーションを中心に、ものづくりの一連の作業を行う環境を整えています。

- 3Dプリンタ
- 3Dスキャナー
- 3D切削加工機
- レーザーカッター
- カッティングプロッター
- 真空成形機
- 基盤加工機
- エアースプレーガン

▶ 導入予定計測機器（例）

電子工作のためのプロユースの計測機器類も充実しています。

- デジタルマルチメーター
- オシロスコープ
- ロジックアナライザー
- ネットワークアナライザー
- スペクトルアナライザー

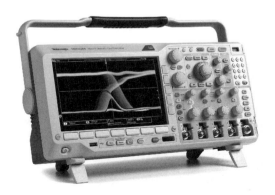

就職・進路

本学部の卒業生は、
専門力： 情報分野の専門スキル
グローバル力： グローバルなコミュニケーション能力
連携力： チームで課題解決する能力
を活かして、社会の多方面で活躍します。

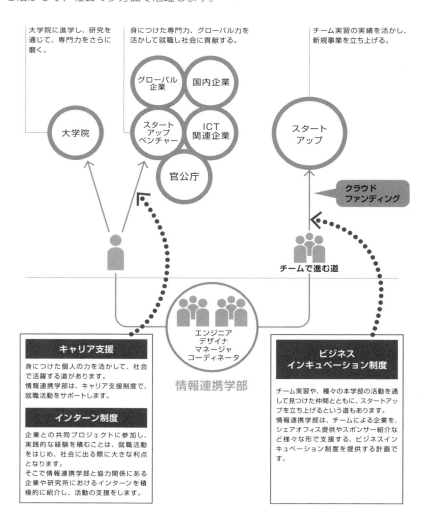

出典・参考文献・参考情報

出 典

本書は、TRONWARE掲載記事を加筆修正し、再構成したものです。
発言者の所属、肩書などは、掲載当時のものです。

❶ オープンIoTの考え方
TRONWARE VOL.157（2016.2）
  2015 TRON Symposium 基調講演（2015.12.9）
  http://tronshow.org/2015-tron-symposium/session-pdf/ja/data/20151209-01.pdf

❷ IoT実践に向けての取り組み
TRONWARE VOL.160（2016.8）
  IoT-Engine 発表記者会見（2016.4.27）
TRONWARE VOL.158（2016.4）
TRONWARE VOL.157（2016.2）
  2015 TRON Symposium セッション報告（2015.12.10 〜 12.11）

❸ IoTのためのネットワーク技術
TRONWARE VOL.147（2014.6）
TRONWARE VOL.151（2015.2）
  2014 TRON Symposium セッション報告（2014.12.12）

❹ オープンデータ×オープンAPI
TRONWARE VOL.159（2016.6）
  シンポジウム「IoT時代のオープンデータによるイノベーションと物流」（2016.4.21）
  「RICOH THETA × IoT デベロッパーズコンテスト」記者会見（2016.3.31）

❺ IoT×オープンデータ：業界動向
TRONWARE VOL.160（2016.8）
TRONWARE VOL.159（2016.6）

❻ IoT住宅への応用―電脳住宅
TRONWARE VOL.150（2014.12）
TRONWARE VOL.119（2009.10）

❼ IoT時代の人材教育―東洋大学 情報連携学部 INIAD
TRONWARE VOL.161（2016.10）

参考文献

『IoTとは何か 技術革新から社会革新へ』
坂村 健、角川新書、2016年

IoTとは何のための技術なのか、社会や生活がどのように変わるのか。解決すべき課題から必要とされる社会制度設計や未来像まで、幅広く論じている。

『コンピューターがネットと出会ったら モノとモノがつながりあう世界へ』
坂村 健 監修、角川インターネット講座14、KADOKAWA、2015年

IoTを支える技術について、クラウド、ノードの組込みシステム、ネットワーク、ヒューマンインタフェースなどを多角的に捉え論じている。

『不完全な時代 科学と感情の間で』
坂村 健、角川oneテーマ21、2011年

IoTの実現にあたって技術以外に必要な哲学や制度について、ネット社会を支える仕組みや考え方から説き起こしている。

『ユビキタスとは何か──情報・技術・人間』
坂村 健、岩波新書、2007年

IoT=ユビキタスであり、TRONプロジェクトが1980年代に始めたユビキタスコンピューティングについて考え方や背景と、2000年から2007年までの成果について述べている。

『ユビキタス・コンピュータ革命──次世代社会の世界標準』
坂村 健、角川oneテーマ21、2002年

マイクロエレクトロニクスの進歩により2000年頃にはユビキタスコンピューティング関連の実験ができるようになり、さまざまなチャレンジがなされた。その頃の状況について書かれている。

出典・参考文献・参考情報

参考情報

■ トロンフォーラム
　http://www.tron.org/
　会長：坂村 健

■ 公共交通オープンデータ協議会（ODPT）
　http://www.odpt.org/
　会長：坂村 健

■ 一般社団法人オープン＆ビッグデータ活用・
　地方創生推進機構（VLED）
　http://www.vled.or.jp/
　理事長：坂村 健

■ 『TRONWARE』パーソナルメディア
　http://www.personal-media.co.jp/book/
　TRON & IoT 技術情報マガジン 隔月刊 偶数月5日発行
　編集長：坂村 健

本書の関連情報を当社ウェブサイトでご案内しています。
http://www.personal-media.co.jp/book/

本書は、著作権法上の保護を受けています。本書の一部または全部を著作権法の定めによる範囲を超えて、複写、複製、転記、転載、再配布（ネットワーク上へのアップロードを含む）することは禁止されています。本書を代行業者等の第三者に依頼してスキャンやデジタル化することは、たとえ個人や家庭内での利用であっても著作権法上認められていません。

TRON は、"The Real-time Operating System Nucleus" の略称です。IoT-Engine、T-Car、T-Engine、T-Kernel などは、コンピュータ機器の仕様に対する名称であり、特定の商品を示すものではありません。

本書に記載されているハードウェア名やソフトウェア名は、一般に各メーカーの登録商標または商標です。本文中では、Ⓡ、TM、Ⓒを明記していません。

オープン IoT ― 考え方と実践

2017 年 1 月 10 日　初版 1 刷発行

編著者　　坂村 健

発行所　　パーソナルメディア株式会社
　　　　　〒142-0051
　　　　　東京都品川区平塚 2-6-13　マツモト・スバルビル
　　　　　TEL（03）5749-4932　FAX（03）5749-4936
　　　　　pub@personal-media.co.jp
　　　　　http://www.personal-media.co.jp/

印刷・製本　日経印刷株式会社

©2017 Ken Sakamura
Printed in Japan
ISBN978-4-89362-328-7 C3055

パーソナルメディアの本

T-Kernel組込みプログラミング強化書
開発現場ですぐに役立つ実践テクニック

坂村 健 監修
パーソナルメディア株式会社 編著
本体価格 4,200円
ISBN 978-4-89362-246-4

高度な機能やノウハウを豊富なプログラミング例で徹底解説。組込みシステムの開発エンジニアがT-Kernelを使ったシステム構築する際の必携の書。

実践TRON組込みプログラミング
T-KernelとTeaboardで学ぶシステム構築の実際

坂村 健 監修
パーソナルメディア株式会社 編著
本体価格 3,200円
ISBN 978-4-89362-254-9

組込み向けリアルタイムOS「T-Kernel」を実践的に学ぶことのできるT-Kernel入門書の決定版。すぐに使える実用ソースコードを満載。

Androidのなかみ
Inside Android

Tae Yeon Kim 他 著
Androidフレームワーク研究会 訳
本体価格 3,800円
ISBN 978-4-89362-288-4

Androidの内部構造を徹底解剖。ソースコードの分析を通してAndroidフレームワークの動作原理を詳細解説。

はじめてみようSlack
使いこなすための31のヒント

Slack研究会 編著
本体価格 1,800円
ISBN 978-4-89362-326-3

組織内のコミュニケーションを活発にするビジネス用メッセージングアプリの入門書。組織導入のためのノウハウ満載。